高分辨率遥感影像
面向对象分析技术

顾海燕　李海涛　闫　利　著

U0292272

科 学 出 版 社

北 京

内 容 简 介

本书旨在阐述遥感影像面向对象的分析理论与方法。全书共 8 章,第 1 章为 GEOBIA 研究现状与发展趋势,介绍 GEOBIA 的产生背景、概念与基本特点、研究现状与进展;第 2 章为 GEOBIA 理论基础,介绍地理本体、地理认知、地理本体与地理认知的关系、地理知识、地理尺度;第 3 章为 GEOBIA 框架,提出遥感影像分类地理本体框架"地理实体概念本体描述—遥感影像分类地理本体建模—地理本体驱动的影像对象分类";第 4 章为地理实体概念本体描述,介绍地理实体知识体系、地理知识概念本体、地表覆盖实体领域知识及其概念本体;第 5 章为遥感影像分类地理本体建模,介绍本体建模方法与语言,遥感影像、影像对象、分类器的本体模型;第 6 章为 GEOBIA 影像对象分类方法,提出地理本体驱动的影像对象分类的四个层次;第 7 章为地表覆盖分类实验,介绍理论、方法、技术支持下的面向地理国情普查的地表覆盖分类实验;第 8 章为滑坡识别实验,介绍遥感影像分类地理本体框架指导下的滑坡识别实验。

本书是作者近年来在高分辨率遥感影像面向对象分析方面研究成果的总结,内容具体翔实,适合从事遥感、地理等领域的科学和工程技术人员参考使用,也可作为高等院校相关专业的教学与研究资料。

图书在版编目(CIP)数据

高分辨率遥感影像面向对象分类技术 / 顾海燕等著 . —北京:科学出版社,2016

ISBN 978-7-03-050337-4

Ⅰ.①高… Ⅱ.①顾…②李…③闫… Ⅲ①地理信息系统-高分辨率-遥感图象-分类-研究 Ⅳ.①P208.2

中国版本图书馆 CIP 数据核字(2016)第 257081 号

责任编辑:孙伯元 / 责任校对:郭瑞芝
责任印制:徐晓晨 / 封面设计:蓝正设计

科 学 出 版 社 出版
北京东黄城根北街 16 号
邮政编码:100717
http://www.sciencep.com

北京虎诚则铭印刷科技有限公司 印刷
科学出版社发行 各地新华书店经销

*

2016 年 10 月第 一 版 开本:720×1000 B5
2019 年 3 月第四次印刷 印张:13 1/2
字数:262 000

定价:85.00 元
(如有印装质量问题,我社负责调换)

前　　言

随着全球监测应用的需求、高空间分辨率影像的发展、遥感影像解译技术的驱动、遥感(remote sensing, RS)与地理信息系统(geographic information system, GIS)的集成,遥感影像面向对象分析(geographic object-based image analysis, GEOBIA)技术应运而生,它代表了遥感与地理信息科学的发展趋势,是地理信息科学中的一个新兴和正在发展的研究领域。其致力于研究如何分割遥感影像产生有意义的地理影像对象,在一定的光谱、时空尺度上评估这些对象的特征,最终生成与 GIS 兼容格式的地理信息,使用户针对地理相关问题,如全球气候变化、资源管理、土地利用等,能够有效地进行自动化、智能化分析的技术和方法。GEOBIA被认为是一个不断发展的综合性研究方向,涉及遥感、地理信息系统、图像处理、摄影测量、人工智能、景观生态学等。

目前,全球 40 多个国家都在应用 GEOBIA 技术,为加强该技术在我国农林业管理、土地规划、海洋观测、气象预报、环境保护、灾害监测与估计、地矿与石油勘探等国民经济建设领域中的应用,紧跟 GEOBIA 的国际研究动态,研究地理本体、地理认知、地理知识等基础理论,从地理本体出发,面向智能化发展方向,提出了地理本体驱动的遥感影像分类地理本体框架,研究了该框架的三大核心内容:地理实体概念本体描述、遥感影像分类地理本体建模、地理本体驱动的影像对象分类。按照框架提出、实体描述、模型建立、方法实现、分类实验主线展开,研究内容逐层推进。在这些工作的基础上,总结整理 GEOBIA 的技术方法和体系,并编制成书,目的是促进 GEOBIA 技术的发展与深入应用。

本书共 8 章,第 1 章介绍 GEOBIA 的产生背景、概念与基本特点、研究现状与进展;第 2 章介绍本体、地理本体、认知、地理认知的概念、研究意义、国内外研究现状,阐述地理本体与地理认知的关系、地理知识、地理尺度;第 3 章从地理本体出发,面向智能化发展,提出遥感影像分类地理本体框架"地理实体概念本体描述—遥感影像分类地理本体建模—地理本体驱动的影像对象分类";第 4 章围绕地理实体概念本体描述研究,构建地理实体知识体系以及领域知识概念本体,总结归纳地表覆盖实体的领域知识;第 5 章围绕遥感影像分类地理本体建模研究,构建遥感影像、影像对象、分类器的本体模型,具体给出决策树及专家规则两种典型分类器的本体模型;第 6 章围绕地理本体驱动的影像对象分类研究,提出地理本体驱动的影像对象分类的四个层次;第 7 章在遥感影像分类地理本体框架的指导下,开展面向地理国情普查的地表覆盖分类实验,验证本书提出的理论、方法、技术的有效性与复用性;第8章在遥感影像分类地理本体框架指导下,开展滑坡识别实验,证明本书提出的理论、方法可以应用于相关遥感影像解译领域。

GEOBIA是一个不断发展的综合性研究方向,不仅关注遥感影像分类,要更多地关注知识挖掘,需要以理论框架为基础,创建一个高度互动的,地理空间决策支持的智能环境,推动"地理本体—地理认知—地理智能"以及"数据—信息—知识—智能"的深度转化。

本书的研究和写作得到国家自然科学基金(41371406、41471299、41371425、41371406)、公益性行业科研专项经费项目(201412008)、公益性科研院所基本科研业务费专项资金(7771508)等项目的资助,得到中国测绘科学研究院的大力支持,同时得到众多国内外学者的指点与帮助,以及多位领导的支持与鼓励、团队成员的协助与支持、家人的关爱与鼓励,在此向他们致以最诚挚的谢意!

由于时间仓促、编写能力有限,书中难免存在不足之处,敬请读者批评指正。

目　　录

第1章 GEOBIA 研究现状与发展趋势

随着全球监测应用的需求、高空间分辨率影像的发展、遥感影像解译技术的驱动、RS 与 GIS 的集成,GEOBIA 技术应运而生,它代表了遥感与地理信息科学的发展趋势,是地理信息科学中的一个新兴和正在发展的研究领域。其致力于研究如何分割遥感影像而产生有意义的地理影像对象,在一定的光谱、时空尺度上评估这些对象的特征,最终生成与 GIS 兼容格式的地理信息,使用户针对地理相关问题,如全球气候变化、资源管理、土地利用等,能够有效地进行自动化、智能化分析的技术和方法。GEOBIA 涉及影像分割、特征提取、影像分类以及以地球为中心框架的对象查询与检索技术,被认为是一个不断发展的综合性研究方向,涉及遥感、地理信息系统、图像处理、摄影测量、人工智能、景观生态学等。

1.1 产 生 背 景

1.1.1 遥感影像分类的概念

近 20 年来,遥感科学发展极其迅速,已广泛应用于农林业管理、土地规划、海洋观测、气象预报、环境保护、灾害监测与估计、地矿与石油勘探等国民经济建设领域,并且在军事预警、地形地貌侦察、目标识别与精确打击、空间对抗等军事应用方面发挥着巨大的作用。其中遥感影像分类是遥感技术研究的一个重要方面,无论是专题信息提取、动态变化检测还是专题地图制作,或是遥感数据库建立等都离不开遥感影像分类。

遥感影像分类是利用计算机通过对遥感影像中各类地物的光谱信息和空间信息进行分析,选择特征,并用一定的手段将特征空间划分为互不重叠的子空间,然后将图像中的各个像素划归到各个子空间[1]。分类依据是各类样本内在的相似性,即遥感影像中的同类地物在相同条件下(纹理、地形、光照以及植被覆盖等)应具有相同或相似的光谱特征和空间特征,从而表现出同类地物的某种内在的相似性。

地物的成分、性质、分布情况的复杂性、成像条件以及一个像素或瞬时视场里往往有两种或多种地物的情况,即混合像素,使得同类地物的特征向量不尽相同,不同地物类型的特征向量之间的差别也不都是相同的。同类地物的各像素特征向量相对密集地分布在一起形成集群,如图 1-1 所示,当像素数目较大时,近似地呈多维正态分布。当然,各个集群之间往往不能十分清楚地分开,不同集群之间一般有少部分重叠交叉情况,一个集群就是一个类别,每个类别的像素值都可以看作随机变量[2]。

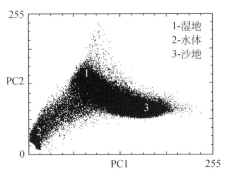

图 1-1　PC1、PC2 特征空间内不同类别的散度图

1.1.2　遥感影像分类的发展

随着数据挖掘、机器学习技术的发展,神经网络、随机森林、深度学习等方法在遥感影像分类中得到应用,参考 Weng 对分类方法的总结,将这些方法归纳为六大类:基于像素分类方法、基于亚像素分类方法、面向对象分类方法、基于上下文分类方法、基于知识分类方法以及多分类器组合方法[3],具体见表 1-1。

表 1-1　遥感影像分类方法总表

类别	先进分类器
像素方法	神经网络、决策树、光谱角分类、监督迭代分类(多级分类)、增强分类、多尺度分类(MFM-5-尺度)、基于径向基函数网络和马尔可夫随机场方法的部分迭代监督分类、渐进式综合分类、支持向量机、基于独立成分分析混合模型的非监督分类、最优迭代非监督分类、基于模型的非监督分类、线性约束判别分析、基于概率密度函数的多光谱分类、分层分类、最邻近分类、随机森林、深度学习等
亚像素方法	子像元分类器、模糊分类、模糊专家系统、模糊神经网络、基于模糊的多传感器数据融合分类、基于规则的机器视觉、线性回归或线性最小二乘反演等
面向对象方法	基于基元或基于地块分类、基于像素或亚像素的基元分类、地图导向分类、基于图的结构模式识别系统、光谱形状分类等

类别	先进分类器
基于上下文方法	同质性对象聚类、监督松弛分类、基于频率的上下文分类、高和低分辨率数据的上下文分类或结合两种方法、基于区域增长的上下文分类、模糊上下文分类、马尔可夫随机场的条件迭代、点对点的上下文修正、分层最大后验分类、变差函数纹理分类、结合上下文信息和像素混合分类等
基于知识方法	证据理论分类、基于知识的分类、基于规则的分类、基于探索与交互可视化技术相结合的视觉模糊分类、融合多时相决策分类、最近邻规则监督分类等
多分类器组合方法	专家系统与神经网络分类器集成、改进的神经模糊图像分类系统、光谱和上下文分类器、混合上下文和像素分类、上下文概率分类器与 MLC 集成分类、神经网络与统计理论集成分类、利用贝叶斯方法结合 MLC 和神经网络、基于规则的多分类器组合、结合光谱分类器和基于规则的 GIS 分类、MLC 与决策树分类器集成等

1) 基于像素分类方法

这种方法是通过合并具有某种相同光谱特征的像元而得到一个分类图像。训练像元中出现的全部物体对分类结果均具有影响,但不考虑混合像元的影响。除了利用光谱、形状、上下文等特征外,还利用了移动窗口或核信息的纹理特征,最常见的是利用灰度共生矩阵计算纹理特征,此外,变差函数也是计算纹理特征的一种量度,它衡量了空间依赖性,反映了影像的方差和空间关联性。

2) 基于亚像素分类方法

大多数分类方法都是基于像元信息的,每个像元被分到一个类别中,土地覆盖类型是相互排斥的,非此即彼。由于景观的异质性(特别是城市景观)和遥感影像空间分辨率的限制,混合像元在中等和低空间分辨率影像中最常见,像素分类方法影响了遥感数据的有效利用,亚像素分类方法随之产生,用于合理表达像素内部结构、准确估计土地覆盖面积。通常利用软分类器表达像素的内部结构,解决混合像元问题,软分类器方法主要有模糊集理论、证据理论、确定性系数等。

3) 面向对象分类方法

这种方法是一种智能化的自动影像分析方法,它分析的单元不是单个像素,而是由若干个像素组成的像素群,即目标对象。景观的异质性(特别是城市景观),可能导致相同的土地覆盖分类结果。对于像素级分类,每个像素单独分为某一类,但由于景观中的高空间分辨率,结果可能有噪声。面向对象分类的目的是处理景观异质性问题,已被证明可以有效提高分类精度。以地块为基本单元,利用基元分类器能够克服噪声,利用矢量数据进行细分避免了光谱变化。然而,该类方法常常受到多种因素的影响,如遥感影像的光谱与空间特性、地块的大小与形状、农田边界的定义、土地覆盖类型的选择等。

4）基于上下文分类方法

该方法利用相邻像素之间的空间信息来提高分类结果，能够处理同类光谱变化问题。基于马尔可夫随机场的上下文分类器（如条件迭代法）是上下文分类最常用的方法，已被证明可以有效改善分类结果。

5）基于知识分类方法

这种方法是模仿解译专家的思维，利用知识进行逻辑推理的过程，基本内容包括知识的发现、应用知识建立提取模型，利用遥感数据和模型提取遥感专题信息。知识发现包括从遥感影像上得到地物的结构、形态、光谱、空间关系等特征；另外，知识也可以从 GIS 数据库中获取。利用知识建立模型，即利用所发现的知识中的某种、某些甚至全部建立信息提取模型[4]。显然，知识的获取是它的一个关键技术。然而，遥感影像解译知识的自动获取是十分困难的，这一直是基于知识的遥感影像分类方法难以广泛应用的一个瓶颈问题。

6）多分类器组合方法

遥感影像分类目标复杂度的增加以及新分类算法的开发，表明尽管不同分类器性能能有所差异，但被不同分类器错分的样本并不完全重合，即不同分类器对于正确分类的结果有着互补信息[5]。如果只选择性能最优的分类器作为最终的分类方案，会丢掉其他分类器中一些有价值的信息。组合分类思想就是在这种条件下提出来的。如何提出有效的规则来组合单个分类器的结果，形成最终组合分类器的结果，以获得更高的分类精度，是组合分类器的一个关键研究问题。

1.1.3　面向对象影像分析方法的产生

随着全球监测应用需求、高空间分辨率影像的发展、遥感影像解译技术的驱动、RS 与 GIS 的集成，GEOBIA 技术应运而生，它代表了遥感与地理信息科学的发展趋势，是地理信息科学中的一个新兴和正在发展的研究领域。

1. 全球监测应用的需求

国际政策试图标准化全球监测解决方案，目前已经提出了关于环境方面的国际政策，如联合国气候变化框架公约、联合国生物多样性公约、联合国防治荒漠化公约、欧洲联盟（欧盟）水利框架指示、欧盟动植物栖息地指令。通过这些政策试图提供全面的、可操作的方法来应对国际公约或跨国指示，计划阻止物理参数无法控制的变化或人类生命财产的损失。此外，全球地表覆盖、全球测图等国际项目要求定期更新全球地理空间信息、快速获取精确的全球地理空间信息，试图与全球维度的变化需求保持一致。

国内也部署了一系列监测计划与工程,《国家中长期科学和技术发展规划纲要(2006—2020 年)》环境领域把"全球环境变化监测与对策"作为优先主题;国家科技部将全球变化研究列为"十三五"期间重大研究计划,并在"十一五"期间先期启动了全球地表覆盖遥感制图与关键技术研究、全球地表参数遥感提取方法研究等四个"863"重点项目。在全球生态环境监测、可持续发展研究等方面发挥着重要的作用,并为地理国情监测奠定坚实的基础,今后还要进一步解决从有到精、从数据到知识和从成果到服务三大方面的有关问题,切实推动数据产品的成果共享、动态信息服务、持续细化更新。

全球监测应用需求对遥感影像分类提出了更高的要求,GEOBIA 具有集成不同处理技术、分析各种传感器多分辨率数据的优势,是沟通遥感影像处理与 GIS 之间的桥梁,能够增强数据处理效率,服务于政策制定与决策支持[6]。

2. 高空间分辨率遥感影像的发展

高空间分辨率遥感影像不断涌现,分辨率越来越高。国外的高分辨率遥感卫星有 IKONOS、QuickBird、WorldView、GeoEye 和 OrbView 等。我国也相继发射了资源三号、遥感二号、天绘一号、高分一号等高分辨率遥感卫星。具体情况见表 1-2。

表 1-2　国内外高分辨率遥感卫星一览表

卫星名称	参数
IKONOS-2	空间分辨率:全色 1m,多光谱 4m 重访周期:3 天
QuickBird-2	空间分辨率:全色 0.61m,多光谱 2.44m 重访周期:1～7 天
WorldView-Ⅱ	空间分辨率:全色 0.5m,多光谱 1.8m 重访周期:1.7 天
GeoEye-1	空间分辨率:全色 0.41m,多光谱 1.65m 重访周期:3 天
SPOT-5	空间分辨率:全色 2.5m,多光谱 10m
资源三号	空间分辨率:2.5m 重访周期:5 天
遥感二号	空间分辨率:全色 1m,多光谱 4m 重访周期:5 天

卫星名称	参数
天绘一号	空间分辨率:全色 2m,多光谱 10m 重访周期:1 天
高分一号	空间分辨率:全色 1m,多光谱 4m 重访周期:1 天

与中低分辨率遥感影像相比,高分辨率遥感影像主要具有以下特点。①更高的空间分辨率和时间分辨率。能够满足大比例尺土地利用调查、基础图件与数据更新的需要。②更加明显的地物几何结构。地物目标结构、纹理和细节等信息能清楚地表现出来,能够在获得光谱信息的同时,获取更多关于地物目标结构、形状和空间语义方面的信息,分辨地物的内部结构。③更加清晰的地物位置布局。高分辨率影像中地物所处的环境位置以及地物间的空间位置关系,有助于识别组合型的地物目标。④更加精细的纹理和尺寸等信息。检测和识别各种目标最根本的依据是地物之间或地物与背景之间在纹理、尺寸上的差异。中低分辨率图像只关注大尺度上纹理和尺寸的粗略描述,而高分辨率遥感以一种非常精细的方式来观测地面,能够提高更小尺寸的纹理单元信息。⑤更加丰富的维度信息。高分辨率遥感影像能够在更小的尺度上反映地物的三维立体属性[7]。

目前,高分辨率遥感应用的发展水平与实际需求还存在巨大差距,面临的挑战如下。①目标类别具有多样性。目前应用方法大多数是针对大尺度目标设计实现的,处理种类有限,对参数依赖性大,很难适用于目标多样化的情况。②特征信息具有可变性。高分辨率遥感影像的目标存在极大差异,目前的应用方法大多采用简单的符号规则推理,对图像各类先验知识的推理研究和利用不够深入,为此需要更多地从较高层次入手分析信息的多样性。③干扰因素具有复杂性。高分辨率遥感图像受成像质量的影响较大,目前的遥感应用方法仅利用像素的光谱特征信息进行分类描述,很难有效去除各种复杂的干扰因素,并且容易导致处理精度降低。④大尺度搜索具有困难性。在大尺度图像上搜索和查找可能存在的小尺度目标是一件较为困难的工作。不仅需要结合遥感图像的尺度特性选取合适的计算方式,而且需要设计相应的可并行计算机制[7]。

不同于中低分辨率的遥感影像,感兴趣的目标在高分辨率遥感影像上往往由一组像素构成,表现为图斑,即"对象"。传统的针对中低分辨率图像的处理方法很难满足高分辨率遥感应用的需求,需要在充分认识高分辨率遥感影像特征的基础上,研究更有针对性的数据处理和分析方法,从而充分挖掘遥感数据的应用潜力,为各类应用提供更多、更好的服务,由此,面向对象的分析方法越来越符合高分辨率遥感影像解译任务的需要。

3. 遥感影像解译技术的驱动

遥感平台的多样化，以及时间、空间、光谱分辨率的不断提高，为遥感影像解译提供了丰富的数据。然而，遥感影像解译技术的提高却远落后于遥感传感器技术的发展。当前的业务化生产仍是以目视解译为主，具有周期长、费用高、工作量大的缺点，而且解译精度在很大程度上与解译人员的水平以及对区域的熟悉程度等因素相关。并且目前应用较为成熟的分类方法，主要是依赖地物的光谱特性，采用数理统计的方法，根据一定的判决函数对单个像元逐个进行判别标识。然而，由于地物光谱的复杂性、遥感影像分辨率的限制以及成像过程中诸多因素的干扰，这种单纯依赖光谱特性在单个像元基础上进行的分类，在地形地貌简单、地物较单一、均匀的地区，一般应用效果较好，而在地表状况复杂的地区，分类效果往往并不理想。

由于基于像元的分类方法存在分类特征指标较少、单一的解译模式、解译结果上的椒盐效应的影响等，面向对象分类方法考虑了因光谱特征导致的地面均质区域内的分类误差，其分类精度也高于基于像素的分类。但是它也存在一些缺陷，例如，分类结果受地块数据的影响较大，叠加数据前对矢量数据的栅格化处理会降低地块的几何精确度等。基于知识的解译方法在一定程度上可提高分类精度，但没有达到实用阶段，不能满足遥感影像自动解译的要求。

随着地理信息系统、人工智能、模糊集理论、生理和心理认知理论等相关理论和技术的发展，遥感影像分类研究向着定量化、智能化、自动化的方向发展。越来越多的遥感信息急待转换成计算机能够使用的信息，需要探求能够自动、智能、高效地实现遥感影像解译的方法。因此，遥感图像解译技术的研究向着更高层次的智能化方向发展，GEOBIA 的产生正体现了遥感影像解译技术的发展方向。

4. RS 与 GIS 集成

GEOBIA 建立了 RS 与 GIS 集成的桥梁（见图 1-2），通过 GEOBIA 技术，从遥感影像上可以直接挖掘出 GIS 需要的专题信息，从 GIS 中可以直接得到遥感影像需要的辅助数据，此外，利用 GIS 对所有数据进行存储、管理、分析、服务、应用。

1）RS 对 GIS 的贡献

（1）专题信息提取。遥感数据可以用来提取专题信息，创建地理信息系统层。有三种方法生成专题层。首先，人工判读航空照片或卫星影像生成一个或一组地图，用来描绘主题类别（如土壤或土地利用类别）之间的界限。数字化这些边界以提供适合于输入 GIS 的数字文件。其次，使用自动化的方法对遥感数据进行分析或分类，生产纸质地图和图像，然后将它们数字化后输入 GIS。最后，使用自动化

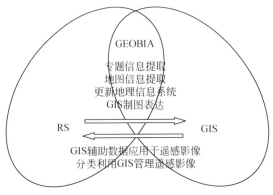

图 1-2　GEOBIA——RS 与 GIS 集成的桥梁

的方法对遥感数据进行分析或分类,以数字格式保留并进入 GIS。或者,遥感数据以原始形式直接存入进行后续分析。在过去的三十多年里,遥感界一直致力于从数字遥感图像中更有效地提取专题信息。

(2)地图信息提取。遥感影像作为数据输入 GIS 的另一个主要应用是地图信息的自动提取。通过模式识别、边缘提取和分割算法从卫星图像上提取线、多边形和其他地理特征。进一步整合得到更光滑的线和边界。因此,卫星图像在生产和修改基础图上有着巨大的潜力。因为可靠的地图源数据,遥感图像生成的基础地图将更容易地跟踪误差传播。此外,提取地图信息可以用来提高影像分类。航空影像凭借其高分辨率的特点成为特征提取的主要数据源之一。IKONOS、QuickBird 高分辨率卫星影像,提供了潜在、高效的特征信息自动提取方法,可应用于地形测绘和三维物体重建。LiDAR 也越来越多地用于地图信息的提取,并能提供精度优于 1m 的数字高程模型(digital elevation model,DEM)。近年来,传感器和计算机技术的发展,使得面向对象的影像分析技术成为研究的热点,当结合高空间分辨率影像和激光雷达数据时,该技术在提取地球表面特征方面显示了巨大的潜力。

(3)更新地理信息系统。遥感数据为更新地理信息系统数据库提供了最具成本效益的来源。变化检测是遥感数据作为 GIS 输入数据源的另一个应用领域。

(4)GIS 制图表达。卫星影像与 DEM 的地形可视化一直被作为地理环境研究中很有前途的工具。从卫星图像生成 DEM,实现三维可视化,为专题应用提供可视化的三维地理信息系统。

2)GIS 对 RS 的贡献

(1)GIS 辅助数据在遥感影像分类中的应用。GIS 辅助数据在遥感影像分类预处理、分类过程、分类后处理中都发挥了重要的作用。在预处理时,GIS 辅助数据被用来协助训练样本的选择,或根据某些选定的标准或规则将研究场景划分成较小的区域或层次。在分类时,可以将辅助数据作为特征信息,也可以利用与辅助数据的关系,以最大似然的方式改变类的先验概率。在分类后处理中,辅助数据用来校正分类结果。

(2)利用 GIS 管理遥感影像。GIS 提供了灵活的环境,用于存储、分析、管理和显示不同来源的遥感影像、现场采集数据、地面实测数据等。

1.1.4　像素分类与对象分类的对比分析

自 20 世纪 70 年代初,大多数影像分类方法是在像素分类的基础上利用多维特征空间发展的,一系列完备技术已被运用到基于像素的影像分类中。然而,由于高分辨率影像的不同特征和不同用户的需求,这些分类结果仍未满足现有需求,高分辨率传感器增加了类间光谱变化,减少了纯粹基于像素分类方法的潜在精度。通过分析研究对象与空间分辨率的关系(见图 1-3),得出 GEOBIA 技术的优势。

(1)图 1-3(a)为低分辨率:像素明显大于对象,需要子像素技术。

(2)图 1-3(b)为中等分辨率:像素和物体大小相同,面向像素技术是恰当的。

(3)图 1-3(c)为高分辨率:像素明显小于对象,像素通过区域增长成为对象。

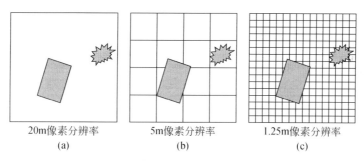

图 1-3　研究对象和空间分辨率的关系

基于像素的高分辨率遥感影像分类存在如下问题。

(1)传统的分类方法可用的特征指标较少,提取的是像素单元内的像素灰度值。由于统计像素的个数有限,它只能用像素的最值、均值、方差非常粗略的信息来描述像素的特征,而不能用需要大量统计获取的有效指标(如灰度直方图)来描述像素的地类特征。

(2)没有充分利用高分辨率遥感影像所能表达的空间、纹理、结构等信息,对同谱异物的地物无法区分开。

(3)基于像素的分类受调制传递函数(modulation transfer function,MTF)、邻近地物类别信号的影响,没有考虑像元大小与地物类别、地块面积的关系。

(4)高分辨率遥感影像的信息量大,传统的基于像素的分类方法更耗时。

(5)由于受影像光谱内在的异变性,分类结果经常出现椒盐现象。

(6)人机交互和可视化性能差,整个分类过程基本上将分类器当做一个黑箱。

(7)非监督分类中对各个参数的调整,监督分类中对训练样本的调整等基本上都不能一次完成,就更加大了耗时量。

(8)在 GIS 应用中,一般以矢量多边形对象来表达地理信息,作为重要的数据源,遥感影像基于像素的影像分类结果以栅格的形式来表示成果信息,这严重阻碍了遥感信息和矢量之间的集成。

面向对象的分类技术是分类领域的重大变革,突破了传统分类方法的种种缺陷,具有重大的应用价值。其优势如下。

(1)特征提取时只统计边界内的像素,故有效地排除了图斑外像素对分类的干扰,因此,降低了因干扰而产生的误判率。

(2)以图斑为统计单位,可以充分利用对象本身的信息(如形状、纹理、层次等)、类间信息(与邻近对象、子对象、父对象的相互关系)等特征。而图斑中有足够多的像素,基于这些像素的统计特性如灰度直方图等可作为有效的评价特征,因此丰富的地类描述特征是降低误判的一个因素。

(3)以同质对象作为分析单元,可以减少像元间光谱的异质性,充分利用影像的纹理、结构等信息。

(4)对分割对象进行分类,因此分类过程更容易实现,分类速度大幅度提高。

(5)能够克服传统基于像素分类方法的椒盐现象。

(6)促成多源数据的融合,引导 GIS 和 RS 的集成。

图 1-4 表明了面向对象分类技术的优势,人工勾绘可以识别多边形地块中的岛,对象分类方法也可以将岛分出来,而像素分类方法则分不出来。

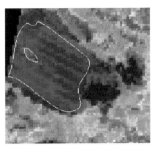
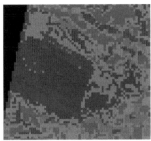
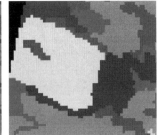

(a)人工勾绘　　　　　　　(b)基于像素分类　　　　　　　(c)基于对象分类

图 1-4　分类结果比较图

1.2　概念与基本特点

1.2.1　概念

综合现有的定义，可以说明 GEOBIA 是一个近代的方法（包括理论、方法和工具），其把遥感影像划分为有意义的对象，并通过设定不同的尺度参数评估其特性[8,9]。其主要目标是地理信息的生成（地理信息系统支持的格式），从新的空间知识或"地理智能"可以得到[8]。在这里，地理智能被定义为上下文的地理空间内容[9]。GEOBIA 不仅限于遥感学科，也涉及地理信息系统、景观生态学和地理信息科学的概念和原则等。

在外文文献中，更倾向于称为基于对象影像处理（object based image analysis，OBIA）。这是因为面向对象一词，很容易让人与泛型编程中的面向对象编程关联起来，而产生误解[10]。在更早的文献中，还有可能写成基于区域的（region-based）或者基于分割的（segment-based）。然而，OBIA 这个词所涉及的范畴太宽，字面上看起来与遥感影像没有任何关系，也不涉及地理、地球、环境以及地理信息系统等范畴。因此，近些年，许多学者认为应该加上地理（geography）一词，即基于地理对象的影像分析，在不引起歧义的情况下，在中文表述时统一采用"面向对象影像分析"，英文统一采用 GEOBIA。

GEOBIA 的基本原理是：根据像元的形状、颜色、纹理等特征，把具有相同特征的像素组成一个影像对象，然后根据每一个对象的特征对这些影像对象进行分类。

影像对象和地理对象是 GEOBIA 的基本单元，一个属于影像空间，一个属于地理空间。影像对象是内部连贯、与其他周围不同的数字影像的离散区域。在 eCognition 软件中，影像对象被定义为"图像中连续的区域"。后者的定义更加简单，但图像对象在任意区域的状态与影像的空间结构不一致。因此，更合理的定义必须包括一些限制。影像对象有三个特点：①离散性；②耦合性（内部）；③异质性（外部）。离散性保证了影像对象明确的边界，保证了计算机对影像的分析；耦合性要求影像对象的内部像元是相互支持的，不一定必须由低方差来表示同质性；异质性保证了离散性。异质性与耦合性可以通过结构特征及光谱特征进行表达。

地理对象是具有最小尺寸的地球表面的对象，一个有界的地理区域，在一定时间内可以作为地理术语的参照实体，如城市、森林、湖泊、山、植被斑块等。地理对象是通过人们的感官或其他人工装置可以如实观察到的单一的物理现实，其存在是独立于人的认知。

但影像对象与地理对象有着本质的不同,影像对象是在影像域中连通的区域,而地理对象在地理环境中不一定是连通的,所以影像对象是与地理对象的子对象相对应的,这个子对象可以是地理对象的组成成分,也可以是地理对象本身。

地理对象是对真实世界的自然景观或现象的建模,而影像对象作为影像的组成部分,是自然世界中地理对象的再现表达。然而,人们往往忽视了这一点,因为人们倾向于具体化的影像,认为从影像上看到了真实的对象而不是代表真正的对象。由于地理对象不是遥感图像的组成部分,不能基于它们分析,最多可以对它们的表示进行定位分析。因此,新的缩写 GEOBIA 指地理的 OBIA(地理是限定词,限制地理领域的学科)而不是基于地理对象的影像分析。此外,OBIA 的前提是影像中存在影像对象。

1.2.2　基本特征

从计算机角度看,GEOBIA 具有如下特点。

(1)抽象性:表现为提取出遥感专题信息。

(2)封装性:表现为将影像对象的光谱、形状、纹理等特性进行封装。

(3)继承性:体现在多尺度分割中,通过将影像基于对象或是基于像素按照一定尺度自底向上合并成不同的对象,从而建立起与父对象、子对象、相邻对象之间的关系。

从遥感角度看,GEOBIA 具有如下特点。

(1)融合了多源数据:不仅包括对地观测数据,还包括 DEM、GIS 数据、景观生态、人文地理专题数据等。

(2)利用了多种特征:不仅充分利用了遥感影像的光谱、几何、纹理、拓扑、语义、时相等特征,而且集成利用了多类型专家知识。

(3)多尺度分析:不同地物具有不同的尺度,场景由不同大小、形状和空间位置的对象组成,在不同尺度上分析场景极为重要。

(4)可重复性:一般人工解译过程是不可重复的,知识不能有效积累。而对于GEOBIA,可以通过建立并保存过程中的参数和规则,来达到规则的重复性[11]。不同的解译人员,应用同样的参数和规则可以得到同样的结果,这样的可追踪性强,结果可信度高。

(5)可移植性:一般分为两种情况,一是在一定时间、一定区域、一定类型数据上建立的分割、规则参数,可以应用到其他类似区域、类似数据、相近时间上;二是在研究区域的代表性数据上建立的分割、规则参数可以应用到整个研究区域数据上,从而减少了建立过程中参数的消耗[12]。

(6)普适性:建立满足 GIS 开源标准的 GEOBIA 服务,为用户提供网络化在线服务,实现全球地理信息资源的集成与共享。

以下针对对象、形状、上下文等进行具体分析[13]。

1)对象

对象不仅是环境的结构,更是对塑造空间、时间及关系的思考。像素没有关联性,而对象既是观察者注意的产物、问题和过程,也是代表性的产品[14],即在一个特定的尺度(空间、光谱、时间、辐射)捕获的紧急现场模式。混合像素在这里可以作为一个例证,基于像素的分类会因数据源的不同,其结果受到很大影响,相比之下,GEOBIA 更专注于对象建模和空间参考性。通过与 GIS 相连,遥感影像处理集成了空间信息,依赖于时空特征和地理现象,提供了自然和人文地貌及其成因,例如,加拿大魁北克省的农业、中国的梯田、巴西的贫民窟。

2)形状

人类视觉识别对象是形状、大小、图形、色调、纹理、阴影和相关布局等因素的组合。形状、大小和色调组成几何形状,是主要因素。形状指独立对象的轮廓,而色调表示单波段的光谱特性[15]。在基于像素的分类中,光谱特性是对象识别最为重要的指标。当一个对象的光谱特征唯一时,分类比较容易,而掺杂其他光谱时,分类则相当困难,此时,很少用到隐含的形状信息。

GEOBIA 不仅提供了光谱特征,还包括形状和相邻关系。例如,河曲有水的光谱特性,一旦发生变化[16],可能保持充水,可能填砂,可能杂草丛生,或这三种情况组合发生(见图 1-5),这些土地覆盖类型不是河曲的唯一特征,所以单独通过光谱特性来识别其类型是不可取的,而不变的形状可作为识别的重要特征。

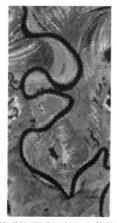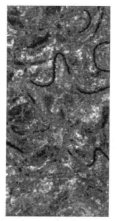

(a)阿拉斯加混合旧的沉积物的河道　　(b)孟加拉国植被杂草丛生的河道

图 1-5　阿拉斯加和孟加拉国的 Landsat TM 影像场景的子集

河曲的大小依赖于水流量,因此可能会出现不同的规模。通过设置不同的光谱异质性阈值来创建对象集和调整形状,识别具有不同尺寸和不同光谱特性的河曲。虽然几何形状通常不是很明显,但在许多情况下,这仍是对象识别的一个重要因素。

3)纹理

纹理是指色调变化的特定频率及其造成的空间布局,对于影像的人工解译,区域内平滑或粗糙的视觉印象是一个重要的线索。例如,水体通常比较精细平滑,草地通常比较粗糙。可见,纹理涉及空间范围,它不能以单个像素或点存在,常用的纹理特征计算方法有灰度共生矩阵。

4)上下文和图形

定义一个实体如树木,需要挖掘其上下文和图形尺度。通过 Chant 等提供的多尺度对象来解决生态问题[17]。对于加利福尼亚州的橡树病害,学者发现,疾病生态学的关键是把独立树木作为遥感分类的对象,证实了在疾病传播的过程中,非橡木寄主在检查橡树的空间图形及时空相邻对象的重要性,这些特性在多尺度上是相关的,并显示层次结构。此外,这些多尺度图形的种类可以被用来构造面向对象影像分类的规则和重新细化 GEOBIA 的分类结果[18],并与其他特征(如形状、纹理等)一起作为对象的重要指标(见图 1-6)。这样的"规则"也适用于元胞自动机和基于智能体的建模。

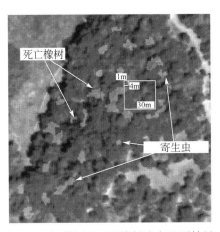

图 1-6　加利福尼亚州橡树病害监测结果

5)语义和知识整合

从人工智能的角度来看,知识可以分为过程性知识和结构性知识。过程性知识关注的是特定的计算功能,并且可以通过一组规则来表示,规则包含条件和行动,条件用于验证语义网络中相邻节点是否有新的解译状态,行动用于执行这种状态,如果对象有许多条件,则通过逻辑算子进行关联。结构性知识可以理解为陈述性知识,表达概念如何相互关联,由知识组织系统组成,通过图形符号(如语义网络)及数学理论(如形式概念分析)来实现。

1.2.3　SWOT 分析

1)GEOBIA 的优势

(1)GEOBIA 技术建立了遥感与地理领域之间的联系,是一个新兴和正在发展的研究领域,日益被认为是一个不断发展的综合性学科,具有深厚的理论基础,在全球环境与安全监测(global monitoring for environment and security,GMES)、全球综合地球观测系统(global earth observation system,GEOSS)等领域得到了广泛应用。

(2)将影像分割为矢量对象,能够很好地与矢量 GIS 集成在一起,克服了像素级分类的椒盐噪声及其转为矢量格式的缺陷,符合人类认知自然场景的规律。

(3)充分利用了遥感影像的光谱、几何、纹理、拓扑、语义、时相等特征;综合利用了多源信息,如 DEM、GIS、景观生态、人文地理专题数据等;融合了当今主流的影像分析方法,如建模分类、监督分类、非监督分类等。

2)GEOBIA 的劣势

(1)分割仍然是个病态问题,没有唯一的解决方案,很难验证分割的质量,需要人为调整分割参数,如改变异质性测量准则可以得到不同的分割对象,即使人工解译也不能准确描述地理对象。

(2)很难确定哪些特征是非常重要的,不同的数据类型及不同的场景条件限制了分类规则集的应用,特征选择、规则集构建成为制约 GEOBIA 自动化发展的关键因素。

(3)由于综合性强,GEOBIA 涉及的理论知识较多,缺乏对 GEOBIA 理论的深入研究与分析。

3)GEOBIA 的机遇

(1)GEOBIA 涉及众多学科方向,建立的 Wiki 促进了该技术在国际间的交流与发展。各种商用软件及开源库的出现,为使用者与研究者提供了平台基础。

(2)随着机器学习、人工智能的发展,GEOBIA 朝着自动化、智能化方向发展。

(3)随着并行计算、云计算、大数据技术的发展,GEOBIA 能够解决大数据量问题,能够满足海量遥感数据对分析速度的要求。

(4)依据现有开源 GIS 程序标准、规则和方法,运用不同的开发平台,吸纳不同领域的专家知识,实现地理信息的集成与共享。

4)GEOBIA 的挑战

(1)GEOBIA 的自动化、智能化发展,对 GEOBIA 模型提出了新的要求与挑战,需要运用地理本体、地理认知、机器学习等理论方法,构建集影像分割、特征提取、影像分类、专家知识于一体的多尺度 GEOBIA 模型,实现该技术的自动化与智能化。

(2)特征优选及分类规则集构建仍然是具有挑战性且费时的工作,需要运用机器学习、人工智能等理论方法,实现特征的自动选择与分类规则集的自动构建。

(3)由于具有不同的解译分析经验,不同专家将会得到不同的解译分析结果,因此,需要综合利用、形式化表达不同的专家知识,将人工解译与计算机的计算能力结合起来,使 GEOBIA 分析更客观、更准确。

(4)GEOBIA 的不确定性问题,如影像分割、样本采集、人类认知、专家知识等会带来分类质量的不确定性。

1.3　研究现状与进展

1.3.1　文献综述

GEOBIA 从提出至今已有 10 余年的历史,受到了国内外众多学者及研究机构的关注。Blaschke 浏览了数千篇论文摘要,820 篇与 OBIA 相关的论文,得出 GEOBIA 目前的研究热点是等级尺度、影像分割、变化检测、精度评价,主要发展生成对象的算法、软件及工具,比较典型的软件有 Definiens、Feature Extraction、Feature Analyst,今后最重要的发展是基于地理的智能信息以及影像处理的自动化[10]。

本书在此基础上,以"object based image analysis"为关键词,时间范围是 2000～2015 年,利用 Web of Science 数据库进行检索,在摄影测量、遥感、地理、环境、光学、地质信息科学、城市 7 个研究领域检索到七千多篇相关论文(截至 2015 年 9 月,http://apps.webofknowledge.com),如图 1-7 所示。

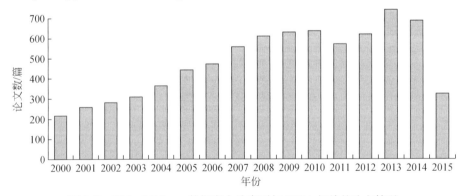

图 1-7　Web of Science 数据库中检索到与 OBIA 相关的论文情况

　　按照期刊标题分析，了解到该研究最具影响力的论文发表在环境遥感、国际遥感杂志、国际摄影测量与遥感杂志、IEEE 地球科学与遥感等期刊上。Benz 等[19]、Blaschke[10]、Burnett 等[20] 发表的文章影响因子居于前三，如表 1-3 所示。

表 1-3　影响因子居于前三的论文

文献	引用次数	平均引用次数/年
[19]	913	76.08
[10]	786	131
[20]	259	19.92

　　在国外，20 世纪 90 年代，随着遥感影像空间分辨率的提高，面向对象影像分析技术应运而生，成为遥感影像解译技术的主流。自 2006 年以来，已经成功开展了六次非常成功的国际 GEOBIA 会议，此专题会议每两年召开一次，主要议题集中在影像分割、特征提取、变化检测、农林土监测应用等方面，如表 1-4 所示。

表 1-4　GEOBIA 国际会议

会议	举办地点	主题	网址
1st International Conference on Object-Based Image Analysis (OBIA 2006)——Bridging Remote Sensing and GIS	奥地利萨尔兹堡	涉及农业应用、森林、土壤、自然资源、土地利用土地覆盖、LIDAR、城市、湿地等	http://www.isprs.org/proceedings/XXXVI/4-C42
GEOBIA 2008——Pixels, Objects, Intelligence, GEOgraphic Object-Based Image Analysis for the 21st Century	加拿大卡尔加里	面向对象及像素方法的比较、分割方法比较、自动特征探测、新的分割及分类方法、政府应用、本体研究、树冠监测	http://www.isprs.org/proceedings/XXXVIII/4-C1
GEOBIA 2010:GEOgraphic Object-Based Image Analysis	比利时根特	地理对象基本理论、影像分割、影像分析算法、变化检测、影像分类、地物自动提取、城市应用、森林应用、时间序列自然环境应用、质量评价	http://www.isprs.org/proceedings/XXXVIII/4-C7http://geobia.ugent.be

续表

会议	举办地点	主题	网址
GEOBIA 2012——International Conference on Geographic Object-Based Image Analysis	巴西 里约热内卢	精度评价、生态系统监测、变化监测、分类、特征提取、森林分析、地质灾害监测、景观与生态应用、LiDAR 和 SAR 应用、多时相分析、分割、城市应用	http://www.inpe.br/geobia2012
GEOBIA 2014	希腊 萨洛尼卡	变化检测、规则集制定、影像分割、地表覆盖分类、滑坡监测、高光谱分析、分割参数选择	http://geobia2014.web.auth.gr/geobia14
GEOBIA 2016	荷兰 恩斯赫德	影像分割、分类、变化检测、机器学习及自动化方法、精度评价、语义分析、UAV 及 LiDAR 应用、植被应用	https://www.geobia2016.com/

前面提到的其他内容还包括各大学课程、招聘启事、专业教授职位。虽然不能进行深入的调查,但欧洲、美国、加拿大、巴西、澳大利亚和中国高校都在进行该方面的研究。大多数事业单位和机构在专业操作水平上都在使用 GEOBIA 相关软件,从自然保护到军事领域,超越了其他简单软件的竞争力。

从文献综述可知,GEOBIA 代表遥感和地理信息科学的一个重要趋势。结论表明,GEOBIA 软件在市场上非常成功,在工业、学术研究和学术著作上得到了大规模的关注。它同时满足了在一个特定的时间框架中处理增长的影像空间分辨率和大量地理空间数据的要求。它已经提出简要的更深层次的阐述,早期技术实证的倾向也产生了高水平的本体论、认识论、方法论、多尺度数据处理、数据融合等问题。这也导致了独特的重新审视空间组成、空间认知、可分解性的系统思维。同时必须接受的是,人类无法处理大规模的持续混乱,也没有完美处理大比例尺的能力。处理大量的地理空间信息需要一个多元化的解决方案,需要创建一个高度互动的、地理空间决策支持的智能环境。

1.3.2 技术现状与进展

GEOBIA 涉及影像分割、特征提取、影像分类等技术,主要由两个迭代循环的相关过程组成:分割与分类,如图 1-8 所示。分割产生多尺度的、嵌套的影像对象,理想状态下,可以与地理对象相对应。分类正是赋予影像对象的地理意义,通过对影像对象的光谱、几何、空间关系等特征评价进行对象的识别、分类,实现影像对象对地理对象的表达,进而实现对地理空间格局的再现。

图 1-8　GEOBIA 分割分类迭代过程

分割与分类这两个过程是迭代的而非线性或严格的连续过程,因此,GEOBIA 是面向对象的遥感影像分析,而非简单的分类,正是分析也才更接近人工解译的过程,才能够支持地理空间数据,而非影像数据的整合[21]。影像分析的循环迭代过程可以根据应用目的和待识别类型,调节各个过程的对象域和参数,引入合理的专家知识,使得分割精度、分类精度随着迭代过程的进行不断提高[19, 22]。

1. 分割技术

影像分割是 GEOBIA 的基础与关键步骤,通过分割方法将影像分为同质性对象,该对象是信息的载体,对其提取的特征是建立语义模型进行对象分类识别的基础。影像分割是一个病态问题,无唯一解,因此到目前为止至少发展了一千多种图像分割方法[23]。但针对遥感影像,尤其是高分遥感影像的分割方法较少,仍然不成熟。当前,遥感影像分割算法主要集中在两个方面:一是将机器视觉领域的图像分割方法引入遥感影像分割,并加以改进;二是针对遥感影像的特征,引入新的理论、方法或者将多种有效方法进行综合。总体来说,遥感影像分割可以分为基于像元的方法、基于边缘的方法、基于区域的方法和基于新工具新理论的方法。Sezgin 等对图像阈值选取技术进行了系统研究并对分割效果进行定量评价[24]。黄亮等提出一种基于 Canny 算法的面向对象的影像分割新方法,该方法不仅准确可靠,而且分割结果连续,很好地解决了淹没和破碎现象;而且结合了面向对象方法的优势,很好地解决了椒盐问题,最大限度地减小噪声对分类的影响,从而达到准确提取感兴趣地物对象的目的[25]。Vincent 等提出一种基于沉浸模型的分水岭分割算法,该模型被后来的研究学者视为经典的分水岭模型[26]。Muñoz 等提出一种结合边缘检测与区域生长的分割方法,在融合多源遥感影像的前提下,把边缘指定为初始种子点区域,按照定义的生长准则进行区域生长得到目标区域[27]。赵磊等提出一种基于均值漂移和谱图分割的极化 SAR(PolSAR)影像分割方法,该算法有效地实现了 PolSAR 影像的分割,显著提高了谱图分割算法的效率,分割结果优良[28]。郭海涛等提出一种四叉树和测地线活动轮廓模型相结合的海陆影像分割方法,该方法具有海陆影像分割速度快、精度高、可靠性强和自动化程度高等优点,对于弱边缘以及严重凹陷边缘,都能实现自动和准确分割[29]。Baatz 等提出一种结合影像光谱特征与形状特征的分割方法,通过计算一维特征空间的标准差实现影像分割,该特征空间由影像的光谱特征、纹理特征及形状特征等构建[22]。

　　高分辨率遥感影像空间分辨率高、场景复杂、纹理信息丰富而光谱信息相对不足,影响分割的主要因素是数据量大、空间变异性高,再加上遥感影像的分析与理解需要从不同的角度着手,因此高分遥感影像分割呈现出如下特点与要求:高分遥感影像分割方法必须要能够扩展到多光谱多通道、考虑多尺度多层次信息、综合利用多种特征进行分割、适用于在不同分辨率的影像、遥感图像分割的和速度要求。分割的语义、尺度、效率和精度和可重复性是需要解决的问题。张桂峰等针对高空间分辨率遥感影像的特点,提出一种改进的标记分水岭遥感影像分割方法,实验证明,将该算法用于高分辨率遥感影像分割,不仅获得高质量的分割结果,而且具有极高的运行效率与空间利用效率[30]。Roger 等提出了结合颜色特征、纹理特征及结构层次的图像分割方法,很好地应用于高分辨率遥感影像的分割中[31]。刘婧等提出一种结合结构和光谱特征的分割方法,首先使用形态学运算提取结构信息,并与光谱信息结合,采用光谱角距离来衡量结构-光谱特征的相似性,进行区域生长获得初始分割结果,然后通过区域合并改善初始结果获得最终结果[32]。巫兆聪等提出一种综合利用光谱、纹理与形状信息的分割方法,利用 QuickBird 和 SAR 影像的分割实验,证明该算法能充分利用影像中地物的光谱、纹理与形状信息,分割效果良好,效率高[33]。许妙忠等提出一种结合马尔可夫随机场模型的影像分割方法,对不同卫星的真实遥感影像进行相关实验,实验结果表明提出的方法在高分辨率遥感影像分割任务中有非常良好的表现[34]。

　　新型卫星传感器的使用,使遥感数据量迅速膨胀,多源图像处理的实时性需求越来越迫切,对图像分割算法的速度等提出了更高的要求。Moga 等提出了一种基于流域变换的灰度影像并行分割算法[35]。Cohen 等提出了一种并行化的灰度影像分割算法[36]。李宏益等利用 TBB 工具和 CUDA 对 Mean Shift 算法进行多核和 CPU 并行化改造,并对两种并行方法进行了对比分析,两种并行方法都取得了较好的加速效果[37]。应伟勤等提出了图模型分割方法的并行实现方案,有效地提高了图模型分割方法的实时性[38]。郭佳等利用并行四邻域区域生长分割方法对灰度图像进行分割,指出了各类方法的优缺点[39]。胡正平提出了基于高斯混合模型的多区域并行化区域增长分割算法,取得了较好的分割效果,提高了算法的鲁棒性和分割的准确性[40]。

　　目前,影像分割缺乏通用的理论指导,常常需要反复实验。另一方面,给定具体应用场景后,选择合适的分割算法依然是一个很麻烦的问题,且没有标准的方法。要克服这些困难和问题,就需要研究如何分析和评价分割算法。近年来,影像分割评价得到了广泛的关注。从影像分割研究的层次来看,影像分割评价处于第二层次,位于分割算法和分割评价准则之间。分割评价可以通过对算法性能的研究以达到改进和提高现有算法的性能、优化分割、改善分割质量和指导新算法研究的目的。分割评价方法可以分为如下三种[41]:分析法、优度实验法和差异实验法。针对分割算法优劣的问题,出现了评价不同分割方法的文献[11,42],Neubert 等开发了评价分割质量的网站[42];Yasnoff 等首次提出图像分割算法客观评价方法[43];Johnson 等提出了一种考虑全局区域间和区域内异质性的无监督评价方法,能够较真实地评价分割结果[44];Jiang 等提出利用二部图匹配的思想计算两种聚类结果的距离的评价测度,得到了一定的应用[45];章毓晋提出了"最终精度准则"的客观评价方法[46];Achanccaray 等把SPT 应用于光学、高光谱和 SAR 影像,取得了良好的分割效果[47]。

　　Neubert 等与 Marpu 等运用当前主流的几种面向对象的高分辨率遥感影像分割软件和算法进行分割性能评价[48,49]。这些分割算法经常在面向对象的影像分析中被用到,代表了当前面向对象影像分割的主流和前沿技术。总结这些方法(见表 1-5),不难发现,面向对象的影像分割算法主要集中在基于区域的方法,而且主要是区域生长和分水岭。这是因为基于区域的方法得到的区域形状紧凑、无须事先声明类别数目,算法效率高,且容易扩展到多波段。因此,区域增长、分裂与合并、层次聚类以及分水岭等分割算法结合其他准则是当前实现面向对象的高分遥感影像分割的主要方式。在 OBIA 之前,分割与分类是两个独立的过程,是影像解译的先后两个处理阶段。而在 OBIA 方法中,分割与分类往往迭代进行,互相促进。

表 1-5　遥感影像分割方法总表

类型	方法	
分割方法	基于像元	基于各像素值的阈值
		基于区域性质的阈值
		基于坐标位置的阈值
		系统聚类法
		分割聚类法
		模糊聚类法
	基于边缘检测	边界跟踪
		图搜索法
		曲线拟合
		曲面拟合
		形变模型

续表

类型		方法	
分割方法	基于区域	种子区域生长	
		沉浸分水岭	
		降水分水岭	
		区域分裂	
		基于区域增长的合并	
		基于区域分裂的合并	
	基于新工具新理论	模糊集理论	
		神经网络理论	
		数学形态学	
		小波理论	
		分形理论	
		均值漂移	
		水平集	
分割速度	GPU 并行分割		
	多核 CPU 并行分割		
分割评价	分析法		
	实验法	优度实验法	
		差异实验法	

2. 特征提取技术

遥感影像特征主要包括光谱、形状、纹理、语义等特征,光谱特征是遥感影像最主要的信息,其他特征可以通过光谱特征计算得到。常用的光谱特征有均值、方差、最大值、最小值、饱和度、色调、亮度值、标准差、自定义特征等。形状特征是评价影像对象的形状。常用的形状特征有非对称性、边界指数、紧致度、密度和形状指数等。纹理特征是遥感影像各个像元空间上分布的表达。常用的纹理特征有基于子对象的层值纹理、形状纹理和 Haralick 纹理等。这些特征之间可能存在不相关的特征,也可能存在相互依赖关系,特征越多,越容易引起维度灾难,模型也会越复杂,推广能力会下降,特征选择能剔除不相关或冗余特征,从而达到减少特征个数、提高模型精确度、减少运行时间的目的。

Fukunaga 提出分支定界算法,该算法是唯一一种能够保证全局最优并不用进行穷尽搜索的寻优算法[50]。Liml 等改进了该算法,并提出了自动分支定界算法[51]。Hsu 提出用决策树来进行特征选择[52]。Inza 等[53]、Zhou 等[54]和 Xiong 等[55]都利用序列搜索策略进行特征选择,取得了不错的效果。Siedlecki 等结合遗传算法和特征选择,提出基于遗传算法的特征选择算法,该算法有较强的通用性[56]。喻春萍等采用一种基于关联的特征选择(correlation- based feature selection,CFS)与遗传算法(genetic algorithm,GA)相结合的方法进行特征选择,该算法能有效降低特征空间的维度,提高分类精度[57]。利用评价函数来评价特征子集的优劣程度,常用的评价标准包括距离度量、信息度量、依赖性度量、一致性度量、分类器错误率度量。刘海燕利用欧氏距离度量特征子集的优劣程度[58]。Quinlan 在决策树算法中利用信息增益作为评价标准[59]。Hall 提出的 Correlation 评估给出了一种既考虑特征和目标函数的相关度,也考虑特征之间相关度的特征子集评估标准[60]。Almuallim 等在 FOCUS 特征选择算法中提出了不一致度作为特征评估标准[61],验证被选出来的特征子集的有效性与可行性。常用的方法是使用各种数据集对特征选择算法进行验证。顾海燕等利用随机森林分类进行特征选择,随机森林能够自动进行特征优选[62]。

目前,基于各种评价测度来度量特征与类别的相关性,或者是对特征评分进行排序的特征选择算法层出不穷,将它们应用于特征选择都能取得很好的效果,适用于大规模数据来减少训练量和学习过程的时间。特征选择研究的关键性问题和研究趋势:一是选取有很高类别区分能力的特征子集;二是研究特征选择与特征提取相结合的降维方法;三是研究结合现有的特征选择算法。

3. 面向对象分类技术

面向对象分类与像素级分类的区别为:分类对象是通过分割技术产生的同质性多边形对象。面向对象分类方法主要包括语义建模分类、监督分类、非监督分类三类。

语义建模分类是根据语义网络模型,利用贝叶斯概率模型、DS 证据理论、模糊逻辑等方法进行分类,该方法具有系统性、经验性、知识性,依赖专家知识进行类别建模,采用半自动探测方法和经验描述特征,利用机器学习方法进行分类,全过程不仅需要监督,而且需要主动产生式的人工操作[63]。Solares 等将几种不同的贝叶斯模型(NBC、TAN、GBN),以及它们的多个网络模型应用于多光谱和高光谱影像的分类,并对它们的分类结果进行了比较[64]。Peddle 等利用证据推理方法对加拿大 Yukon 地区遥感影像进行了分类研究,效果较好[65]。eCognition 软件采用了模糊逻辑方法。该方法是一种典型的软分类,认为一个影像对象可以是在某种程度上属于某个类而同时在另一种程度上属于另一类,这种类属关系的程度用影像对象隶属度表示。

监督分类思想与传统的像素级监督分类一致,需要采集样本,根据对象特征,利用监督分类器如最邻近、最大似然、模糊逻辑、支持向量机、决策树、随机森林等完成分类。骆剑承等提出基于有限混合密度理论的期望最大(expectation maximization,EM)算法来作为最大似然函数(maximum likewood classification,MLC)参数估计的方法构建 EM2MLC 模型,应用于土地覆盖分类,并将分类结果进行了定性和定量的综合比较[66]。陈杰等利用模糊逻辑进行监督分类,结果表明,基于遥感数据源的土地利用模糊分类系统可以获得比常规硬分类手段更合理、信息含量更丰富的输出结果[67]。张策等利用支持向量机方法进行湿地遥感分类研究,实验表明,支持向量机分类结果优于最大似然分类结果[68]。Wardlow 等在美国中央大平原采用决策树分类方法对多时相的 MODIS NDVI 数据进行农作物分类,取得了优于 80% 的总体分类精度[69]。Guo 等把随机森林用于机载 LiDar 数据与多光谱数据结合的城市量测,通过大量数据的训练验证过程,此研究给出了对各个类的各个特征的重要性量测,证实了联合运用光学多光谱数据和 LiDar 数据的重要性[70]。

非监督分类思想与传统的像素级非监督分类一致,无须采集样本,只需根据对象特征,利用非监督分类器如 ISODATA、BP、SOM 等完成分类。杨燕等利用 ISODATA 算法进行遥感影像非监督分类,并分析了该算法的局限性[71]。童小华等采用遗传法优化 BP 网络结构进行遥感影像分类,改进了遗传进化方式使 BP 网络进化达到最优,取得了较高的分类精度[72]。刘艳杰等利用 SOM 神经网络进行城市土地覆盖遥感分类,能够提高影像的分类精度,特别是对于比较复杂的区域,效果显著[73]。徐宏根等对 SOM 神经网络算法进行改进,并结合混合像元分解方法应用于高光谱影像中,能够改善分类效果,提高分类精度[74]。

综上所述,面向对象分类方法的非监督分类研究较少,而最常用的是语义建模分类,关键是规则集的构建,需要专家知识参与,监督分类也是重要的研究内容,针对特定分类问题,如何选择合适的分类算法、分类器参数也是亟待解决的关键问题。

1.3.3 应用现状与进展

随着高分辨率影像的普及,以及商业化的面向对象分类智能软件的面世,GEOBIA 越来越受到青睐,其应用也逐渐扩展到众多领域,主要应用于森林制图与管理、地表覆盖分类与变化检测、城市景观格局与动态变化、灾害分析与管理等。

在森林制图与管理应用方面,Dorren 等和 Heyman 等将 GEOBIA 方法用于鉴别大规模森林覆盖类型[75,76];Maier 等利用 LiDAR 提取树冠表面模型信息[77];Chubey 等利用 GEOBIA 计算森林库存参数[78];Radoux 等利用高分辨率卫星影像和 GEOBIA 方法生产大比例尺森林地图[79];Shiba 等利用高分辨率卫星影像

(IKONOS、QuickBird)评估日本中部森林土地利用结构和环境变化[80]；Wiseman 等利用光谱、形状、纹理等信息,成功识别出加拿大防护林[81]；Bunting 等利用 1m 机载高光谱数据及 OBIA 技术,识别出澳大利亚昆士兰中东部混合树种中的树冠[82]。

在地表覆盖分类及变化检测应用方面,Pascual 等利用 GEOBIA 技术描述了西班牙中部森林中的樟子松结构,建立了林地冠层高度模型[83]；Chen 等利用北京的 ASTER 数据,证明了 GEOBIA 方法在城市地表覆盖分类中的应用潜力[84]；Zhang 等利用 GEOBIA 方法自动提取三峡水库区域的地表覆盖类型[85]；Kong 等利用高分辨率影像及 GEOBIA 方法提取城市土地利用信息[86]。

在城市景观格局与动态变化应用方面,Zhou 等利用 GEOBIA 技术及高分辨率数字航空影像和激光雷达数据,分析和表征巴尔的摩城市的景观结构[87]；Ivits 等利用 GEOBIA 技术分析瑞士的城市景观格局[88,89]；Platt 等利用 GEOBIA 分析宾夕法尼亚州葛底斯堡城郊景观[90]；Aubrecht 等结合社会经济数据,分析了城市地表覆盖特征类型[91]；Durieux 等将 GEOBIA 方法用于监测城市环境及城市扩张[92]；Lang 等利用 GEOBIA 方法提取难民营中的房屋和帐篷[93]；Ebert 等利用 GEOBIA 方法,结合光学、激光雷达数据,评估城市的社会脆弱性指标[94]。

在灾害分析与管理应用方面,Myint 等比较了像素级与面向对象的分类方法,确认龙卷风受灾的地区,得出 GEOBIA 方法在龙卷风灾害检测中的准确性是最高的[95]；Reiche 等使用 OBIA 方法监测西伯利亚地区石油泄漏区域[96]；Park 等利用 GEOBIA 方法及高分辨率遥感数据,监测山体滑坡[97]；Gusella 等利用 GEOBIA 和 QuickBird 卫星影像监测巴姆地震后倒塌建筑物的数量[98]；Addink 等基于 QuickBird 影像采用 OBIA 方法提取沙鼠所居住的洞穴[99]。

1.3.4　软件现状与进展

随着 GEOBIA 技术的发展,出现了以 Definiens eCognition 为代表的 GEOBIA 相关软件、工具及开源库,为使用者与研究者提供了平台基础。Definiense eCognition 等商业软件的发展,能够不断满足城市监测、灾害监测等应用需求,提供了良好的实验环境与技术支撑。GeoDMA 等开源工具为研究者提供了开发环境,减少了重复劳动,大大提高了研究速度和质量。这些商业软件及开源平台的成功研究与应用,推动了 GEOBIA 的开放式发展。

下面介绍 GEOBIA 相关软件的研究现状。

1)Definiens eCognition

该软件充分利用了计算机自动分类的速度与人工判读解译的精度,能够更智能、更精确、更高效地将遥感影像数据转化为地理信息。该软件由 Developer、

Archirect、Server 三个子系统组成。Developer 主要用于开发规则集,是一个强大的、为快速影像分析提供解决方案的集成开发环境平台,具有两种选择形式:第一种是 Quick Map 快速制图模式,第二种是 Rule Set 规则集模式。Archirect 主要用于配置、修改和执行规则集,能够使非专业用户轻松配置、修改和执行。在 Developer 中创建的影像信息提取工作流程,作业人员不需要做任何的开发,只需要按照操作流程调节参数值,逐步执行就可以提取到所需信息。Server 主要用于批处理影像分析任务,目的是成倍地减少实际工作中数据处理时间,最大限度地利用自身计算机的能力,节约时间,提供工作效率。Server 是一个虚拟的后台处理,可以查看提交任务的处理状态,监督任务的执行情况。

2)ENVI-Feature Extraction

该模块主要面向对象空间特征提取,主要包括影响分割、合并分块、分块精炼、特征计算、监督分类、规则分类、批处理等功能,可以提供各种地物,如建筑、道路、车辆、桥、河流、湖泊等。它具有易于操作、随时预览效果和修改参数、重复使用与共享、集成多源数据等特征。

该模块还提供了一种基于边缘(lambda-schedule)的多尺度分割算法,计算速度很快,只需要一个输入参数,就能产生多尺度分割结果。另外,还提供了 K 邻近、支持向量机监督分类方法以及规则分类方法。

3)ERDAS IMAGING Objective

ERDAS IMAGING Objective 结合专家知识的训练方法,提供了面向对象的特征提取环境及系列特征提取工具,能够提取光谱、纹理、形状、几何等特征,可以通过像元级及面向对象的联合处理,实现高分辨率遥感影像的地物类型提取。

4)Feature Analyst

Feature Analyst 面向对象的遥感影响分析模块,采用机器学习技术进行高分辨率遥感影像的地物分类和信息提取算法,分析遥感影像的光谱信息、空间几何关系来实现影像的特征提取与分类,可快速、高效、精确地从遥感影像以及扫描图中自动提取二维和三维地理要素信息。该模块采用一键式工作流方式提供各类信息,简化了地理空间数据的生产,自动化程度高,极大地减少了实际工作时间。

5)PCI FeatureObjeX

PCI FeatureObjeX 智能空间特征提取工具,通过选择特征样品和背景样品,计算、检验特征提取模型,应用训练好的特征模型,快速提取车辆、建筑物、道路等地物。该工具具有友好的图形操作界面,提供了主动、自动两种填充工具,采用朴素贝叶斯算法实现了空间特征的自动化提取,提高了解译的精度与速度。

6)FeatureStaton-GeoEX

地理国情要素提取与解译系统 FeatureStaton-GeoEX 包括地理国情基本要素

提取和地理国情地表覆盖分类两个子系统。此软件以正射影像为基础,利用收集的参考数据,采用自动分类与人工解译相结合,帮助用户开展内业判读与解译,进行地表覆盖分类,生产符合地理国情普查要求的相应数据层。

7)GeoDMA 介绍

GeoDMA 地理数据挖掘分析工具包,集成了遥感影像分析方法和数据挖掘技术,为信息提取与知识挖掘提供了以用户为中心、可扩展的开源计算环境。该工具包集成了影像分割、特征提取与选择、分类、基于场景的度量、多时相变化检测、基于决策树的空间数据挖掘、精度评价等功能,实现了面向对象的影像分析,在森林砍伐监测、城市监测、地表覆盖分类中得到了应用。

8)InterImage 介绍

InterImage 是基于语义网络知识结构的开源解译平台,提供了基于知识的自动解译框架,具有知识主动建模能力,解译策略是语义网络模型,依赖该模型,利用从整体到局部、自上而下的产生式模型,从局部到整体、自下而上的判别式模型,实现了自动化解译。

9)Orfeo Toolbox(OTB)

OTB 基于 ITK 的医学图像处理库,属于一种分布式图像处理算法开源库,提供了一般遥感图像处理算法,尤其是高空间分辨率影像处理的特定功能,如特征提取、影像匹配、影像融合、影像分割、分类、变化检测等,此外,提供了面向对象影像分析框架,为 GEOBIA 的发展奠定了框架基础。

10)OpenRS

OpenRS 为开放式遥感数据处理与服务平台,具有可配置、可定制、可扩展、可伸缩等特点,为国内外研究人员提供了开放的开源环境,用户只需关注其感兴趣的特定区域,而不用考虑和实现软件的其他功能。该平台集成了面向对象的分析框架,定制了面向对象分析工作流程,为 GEOBIA 提供了开放的平台。

1.3.5　未来发展

在遥感领域,在一定程度上也可以说是在地理信息科学领域,GEOBIA 是一个新的、正在发展的范式,它定义了许多关键概念。GEOBIA 采用类似 GIS 的功能,这使 GEOBIA 可以感知上下文并有多源能力。当其成为基于上下文的方式,就允许使用周边的信息和属性。相比基于像素的影像分析,增加了本体的重要性,工作流程可高度定制或自适应,其允许列入人类语义和分层网络。

从地理空间数据的多样性和多学科研究的必要性来讲,获取高效准确的数据集是 GEOBIA 的基础,这是 GEOBIA 的独特功能。生物学、地理学、地质学、水文学等学科的研究人员需要访问共同数据集,并合并其特定的数据,他们还需要能够智能地加载并分享专题图层。此外,GEOBIA 必须提供模型类型和空间分析来解决敏感的社会和环境问题。因此,不断发展的 GEOBIA 需要整合高质量的、不同时空尺度和分辨率的数据解决方案。

GEOBIA 不仅关注传统的制图,更要关注知识挖掘。未来的研究需要把 GEOBIA 数据库转变到更全面的(网络功能)基于地理知识的分析,其远远超出了传统的制图,类似于近代 GIS,其应更多地参考地理空间语义和共享知识及地理智能[100]。这将有利于云信息的挖掘,并转化成附加知识产品。为了达到这一目标,GEOBIA 需要采用适当的、灵活的、强大的地理空间数字地球模型,允许多尺度对象的连接、查询和定位。

GEOBIA 技术发展趋势如图 1-9 所示,围绕 GEOBIA 本体-GEOBIA 对象-GEOBIA 平台,朝着桌面-数据-表达、分布式-信息-共享、云智能-知识-互操作方向发展。

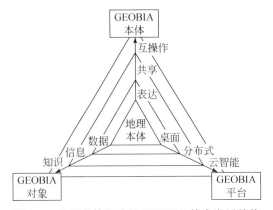

图 1-9　地理本体驱动的 GEOBIA 技术发展趋势

地理本体论与地理认知论是驱动遥感影像分类自动化、智能化发展的理论基础,知识共享是其目标,数据处理是其手段,需要从地理本体、地理认知基础理论出发,实现地理本体与地理认知驱动的遥感影像面向对象分析,从而推动遥感影像分类的发展及工程化应用。

1.4　小　　结

本章阐述了 GEOBIA 的产生背景,描述了其概念与基本特点,分析了其优势、劣势、机遇与挑战。重点从文献综述、技术、应用、软件方面,系统分析了 GEOBIA 的研究现状与进展,面向全球监测应用的需求,对地观测技术、计算机技术的发展,GEOBIA 将朝着桌面-数据-表达、分布式-信息-共享、云智能-知识

-互操作方向发展。

　　GEOBIA 是地理信息科学中的一个正在发展的研究领域,从提出至今已有十余年的历史,得到了国际上众多研究机构的高度关注,被认为是一个不断发展的综合性研究方向,其基础理论、技术方法、应用推广等问题有待深入研究。紧跟GEOBIA 的研究动态,重点并系统分析该技术的特征、发展现状与进展,对我国在此方面的研究定位具有重要意义。

参 考 文 献

[1]孔祥惠. 基于知识的遥感信息分类方法实验研究[硕士学位论文]. 昆明:昆明理工大学,2009.

[2]钱茹茹. 遥感影像分类方法比较研究[硕士学位论文]. 西安:长安大学,2007.

[3]Weng Q. Remote Sensing and GIS Integration- Theories, Methods, and Applications. New York:McGraw- Hill,2009.

[4]王伟超,邹维宝. 高分辨率遥感影像信息提取方法综述. 北京测绘,2013,(4):1—5.

[5]贾坤,李强子,田亦陈,等. 遥感影像分类方法研究进展. 光谱学与光谱分析,2011,31(10):2618—2623.

[6]Lang S. Object- based image analysis for remote sensing applications:modeling reality-dealing with complexity//Blaschke T,Lang S,Hay G. Object- Based Image Analysis. Berlin:Springer Verlag,2008:3—27.

[7]孙显,付琨,王宏琦. 高分辨率遥感图像理解. 北京:科学出版社. 2011.

[8]Castilla G,Hay G J. Image- objects and geographic objects//Thomas B,Stefan L,Goeffrey H. Object-Based Image Analysis. Berlin:Springer Verlag,2008:91—110.

[9]Hay G J,Blaschke T. Forward:Special issue on geographic object- based image analysis (GEOBIA). Photogrammetric Engineering and Remote Sensing,2010,7(2):121,122.

[10]Blaschke T. Object based image analysis for remote sensing. ISPRS Journal of Photogrammetry and Remote Sensing,2010,65(1):2—16.

[11]Nussbaum S,Menz G. Object-Based Image Analysis and Treaty Verification:New Approaches in Remote Sensing-Applied to Nuclear Facilities in Iran. New York:Springer,2008.

[12]张春晓. 高分影像认知模型及应用研究[硕士学位论文]. 北京:中国科学院,2010.

[13]Blaschke T, Hay G J, Kelly M, et al. Geographic object- based image analysis:A new paradigm in remote sensing and geographic information science. ISPRS International Journal of Photogrammetry and Remote Sensing,2014,87(1):180—191.

[14]Ahlqvist O,Bibby P,Duckham M,et al. Not just objects:Reconstructing objects//Fisher P, Unwin D. Re- Presenting GIS. London:John Wiley & Sons,2005:17—25.

[15]Lillesand T M,Kiefer R W,Chipman J W. Remote Sensing and Image Interpretation. New York:John Wiley & Sons,2008.

[16]Addink E A,Kleinhans M G. Recognizing meanders to reconstruct river dynamics of the

Ganges//Hay G J,Blaschke T,Marceau D. Pixels, Objects, Intelligence: Geographic Object Based Image Analysis for The 21st Century. Calgary: University of Calgary,2008.

[17]Chant T D,Kelly M. Individual object change detection for monitoring the impact of a forest pathogen on a hardwood forest. Photogrammetric Engineering and Remote Sensing,2009, 75(8):1005—1013.

[18]Liu Y,Guo Q,Kelly M. A framework of region-based spatial relations for non-overlapping features and its application in object based image analysis. ISPRS Journal of Photogrammetry and Remote Sensing,2008,63(4):461—475.

[19]Benz U C,Hofmann P,Willhauck G,et al. Multi-resolution,object-oriented fuzzy analysis of remote sensing data for GIS-ready information. ISPRS Journal of Photogrammetry and Remote Sensing,2004,58(3):239—258.

[20]Burnett C,Blaschke T. A multi-scale segmentation/object relationship modelling methodology for landscape analysis. Ecological Modelling,2003,168(3):233—249.

[21]Blaschke T,Lang S,Hay G. Object-Based Image Analysis: Spatial Concepts for Knowledge-Driven Remote Sensing Applications. Heidelberg: Springer,2008.

[22]Baatz M, Schäpe A. Multiresolution Segmentation: An Optimization Approach for High Quality Multi-Scale Image Segmentation. Karlsruhe: Wichmann Verlag,2000:120—156.

[23]刘建华,毛政元. 高空间分辨率遥感影像分割方法研究综述. 遥感信息,2009,6:95—101.

[24]Sezgin M. Survey over image thresholding techniques and quantitative performance evaluation. Journal of Electronic Imaging,2004,13(1):146—168.

[25]黄亮,左小清,冯冲,等. 基于 Canny 算法的面向对象影像分割. 国土资源遥感,2011, 23(4):26—30.

[26]Vincent L,Soille P. Watersheds in digital spaces: An efficient algorithm based on immersion simulations. IEEE Transactions on Pattern Analysis & Machine Intelligence,1991,13(6): 583—598.

[27]Muñoz X,Freixenet J,Cufí X,et al. Strategies for image segmentation combining region and boundary information. Pattern Recognition Letters,2003,24(11213):375—392.

[28]赵磊,陈尔学,李增元,等. 基于均值漂移和谱图分割的极化 SAR 影像分割方法及其评价. 武汉大学学报信息科学版,2015,40(8):1061—1068.

[29]郭海涛,孙磊,申家双,等. 一种四叉树和测地线活动轮廓模型相结合的海陆影像分割方法. 测绘学报,2016,45(1):65—72.

[30]张桂峰,巫兆聪,易俐娜. 改进的标记分水岭遥感影像分割方法. 计算机应用研究,2010, 27(2):760—763.

[31]Roger T S,Stamon G,Louchet J. Using colour,texture and hierarchical segmentation for high-resolution remote sensing. ISPRS Journal of Photogrammetry and Remote Sensing, 2008,63(2):156—168.

[32]刘婧,李培军. 结合结构和光谱特征的高分辨率影像分割方法. 测绘学报,2014,(5): 466—473.

［33］巫兆聪,胡忠文,张谦,等. 结合光谱,纹理与形状结构信息的遥感影像分割方法. 测绘学报,2013,42(1):44—50.

［34］许妙忠,丛铭,万丽娟,等. 视觉感受与 Markov 随机场相结合的高分辨率遥感影像分割法. 测绘学报,2015,44(2):198—205.

［35］Moga A N,Gabbouj M. Parallel marker-based image segmentation with watershed transformation. Journal of Parallel and Distributed Computing,1998,51(1):27—45.

［36］Cohen H A,Duong C H. Gray-scale image segmentation using a parallel graph-theoretic algorithm//Australian Pattern Recognition Society,Segment' 96,Sydney,1996.

［37］李宏益,吴素萍. Mean Shift 图像分割算法的并行化. 中国图象图形学报,2013,18(12):1610.

［38］应伟勤,李元香,徐星,等. 基于图模型的图像分割并行算法研究与实现. 模式识别与人工智能,2007,20(4):571—576.

［39］郭佳,郭治成. 基于并行四邻域区域生长的遥感图像分割方法. 兰州石化职业技术学院学报,2008,8(2):31—33.

［40］胡正平. 基于高斯混合模犁的多区域并行增长图像分割算法. 光学技术,2007,32(6):814—816.

［41］Zhang Y J. A survey on evaluation methods for image segmentation. Pattern Recognition,1996,29(8):1335—1346.

［42］Neubert M,Herold H,Meinel G. Evaluation of remote sensing image segmentation quality-further results and concepts. International Archives of Photogrammetry,Remote Sensing and Spatial Information Sciences,2006,36:XXXVI-4/C42.

［43］Yasnoff W A,Mui J K,Bacus J W. Error measures for scene segmentation. Pattern Recognition,1977,9(4):217—231.

［44］Johnson B,Xie Z. Unsupervised image segmentation evaluation and refinement using a multiscale approach. ISPRS Journal of Photogrammetry and Remote Sensing,2011,66(4):473—483.

［45］Jiang X,Marti C,Irniger C,et al. Distance measures for image segmentation evaluation. Eurasip Journal on Applied Signal Processing,2006(10):794—797.

［46］章毓晋. 图象分割评价技术分类和比较. 中国图象图形学报:A 辑,1996,1(2):151—158.

［47］Achanccaray P,Ayma V A,Jimenez L I,et al. SPT 3. 1:A free software tool for automatic tuning of segmentation parameters in optical,hyperspectral and SAR images//IEEE International Geoscience and Remote Sensing Symposium,Milan,2015.

［48］Neubert M,Herold H,Meinel G. Assessing image segmentation quality-concepts,methods and application//Blaschlce T,Lang S,Hay G J. Object-Based Image Analysis. Berlin:Springer Verlag,2008:769—784.

［49］Marpu P R,Neubert M,Herold H,et al. Enhanced evaluation of image segmentation results. Journal of Spatial Science,2010,55(1):55—68.

［50］Fukunaga K. Introduction to Statistical Pattern Recognition. New York:Academic Press,1990.

[51]Liul H,Motoda H,Dash M. A monotonic measure for optimal feature selection//Nédellec C, Rouveirol C. Machine Learning:ECML-98. Berlin:Springer Verlag,1998:101—106.

[52]Hsu W H. Genetic wrappers for feature selection in decision tree induction and variable ordering in Bayesian network structure learning. Information Sciences,2004,163(1/2/3): 103—122.

[53]Inza I, Larranaga P, Blanco R. Filter versus wrapper gene selection approaches in DNA microarray domains. Artificial Intelligence in Medicine,2004,31(2):91—103.

[54]Zhou X,Wang X,Dougherty E R. Gene selection using logistic regressions based on AIC,BIC and MDI criteria. Journal of New Mathematics and Natural Computation, 2005, 1 (1): 129—145.

[55]Xiong M,Fang X,Zhao J. Biomarker identification by feature wrappers. Genome Research, 2001,11(11):1878—1887.

[56]Siedlecki W, Sklansky J. A note on genetic algorithms for large-scale feature selection. Pattern Recognition Letters,1989,10(5):335—347.

[57]喻春萍,黄晓霞. 基于 CFS-GA 特征选择算法的中文网页自动分类. 上海海事大学学报, 2012,33(1):77—81.

[58]刘海燕. 基于信息论的特征选择算法研究[硕士学位论文]. 上海:复旦大学,2012.

[59]Quinlan J R. C4. 5:Programs for Machine Learning. San Francisco:Morgan Kaufmann,1993.

[60]Hall M A. Correlation-based feature selection for machine learning[PhD Thesis]. Hamilton: the University of Waikato,1999.

[61]Almuallim H, Dietterich T G. Learning with many irrelevant features. Proceedings Ninth National Conference on Artificial Intelligence,1991,91:547—552.

[62]顾海燕,闫利,李海涛,等. 基于随机森林的地理要素面向对象自动解译方法. 武汉大学学报:信息科学版,2016,41(2):228—234.

[63]Forestier G, Puissant A, Wemmert C, et al. Knowledge-based region labeling for remote sensing image interpretation. Computers, Environment and Urban Systems, 2012, 36 (5): 470—480.

[64]Solares C,Sanz A M. Different Bayesian network models in the classification of remote sensing images//Yin H J, Tino P, Corchado E, et al. Intelligent Data Engineering and Automated Learning-IDEAL 2007. Berlin:Springer Verlag,2007,4881:10—16.

[65]Peddle D R, Ferguson D T. Optimisation of multisource data analysis:An example using evidential reasoning for GIS data classification. Computers & Geosciences, 2002, 28 (1): 45—52.

[66]骆剑承,王钦敏,马江洪,等. 遥感图像最大似然分类方法的 EM 改进算法. 测绘学报, 2002,31(3):234—239.

[67]陈杰,孙志英,檀满枝. 模糊逻辑在土地利用遥感分类中的应用. 土壤学报,2007,44(5): 769—775.

[68]张策,臧淑英,金竺,等. 基于支持向量机的扎龙湿地遥感分类研究. 湿地科学,2011,9(3):

263—269.

[69]Wardlow B D,Egbert S L. Large-area crop mapping using time-series MODIS 250 m NDVI data:An assessment for the US central great plains. Remote Sensing of Environment,2008, 112(3):1096—1116.

[70]Guo L,Chehata N,Mallet C,et al. Relevance of airborne Lidar and multispectral image data for urban scene classification using Random Forests. ISPRS Journal of Photogrammetry and Remote Sensing,2011,66(1):56—66.

[71]杨燕,曾学宏,汪生燕. 影像增强对 ISODATA 遥感影像分类结果的影响. 测绘与空间地理信息,2014,37(4):129—132.

[72]童小华,张学,刘妙龙. 遥感影像的神经网络分类及遗传算法优化. 同济大学学报:自然科学版,2008,36(7):985—989.

[73]刘艳杰,曾永年. 基于 SOM 神经网络的城市土地覆盖遥感分类研究. 测绘与空间地理信息,2012,35(6):42—48.

[74]徐宏根,马洪超,李德仁. 结合 SOM 神经网络和混合像元分解的高光谱影像分类方法研究,2007,11(6):778—786.

[75]Dorren L K A,Maier B,Seijmonsbergen A C. Improved Landsat-based forest mapping in steep mountainous terrain using object-based classification. Forest Ecology and Management,2003,183 (11213):31—46.

[76]Heyman O,Gaston G G,Kimerling A J,et al. A persegment approach to improving aspen mapping from high-resolution remote sensing imagery. Journal of Forestry,2003,101(4): 29—33.

[77]Maier B,Tiede D,Dorren I. Characterising mountain forest structure using landscape metrics on LiDAR-based canopy surface models//Blaschke T,Lang S,Hay G J. Object Based Image Analysis. Berlin:Springer Verlag,2008:625—644.

[78]Chubey M S,Franklin S E,Wulder M A. Object-based analysis of IKONOS-2 imagery for extraction of forest inventory parameters. Photogrammetric Engineering & Remote Sensing, 2006,72(4):383—394.

[79]Radoux J,Defourny P. A quantitative assessment of boundaries in automated forest stand delineation using very high resolution imagery. Remote Sensing of Environment,2007,110(4): 468—475.

[80]Shiba M,Itaya A. Using eCognition for improved forest management and monitoring systems in precision forestry//Ackerman P A,Längin D W,Antonides M C. Precision Forestry in plantations,semi-natural and natural forests. Proceedings International Precision Forestry Symposium,Stellenbosch,2006:351—359.

[81]Wiseman G,Kort J,Walker D. Quantification of shelterbelt characteristics using high-resolution imagery. Agriculture,Ecosystems and Environment,2009,131(1/2):111—117.

[82]Bunting P J,Lucas R M. The delineation of tree crowns in Australian mixed species forests using hyperspectral compact airborne spectrographic imager(CASI)data. Remote Sensing of

Environment,2006,101(2):230—248.

[83]Pascual C,García-Abril A,García-Montero L G,et al. Object-based semi-automatic approach for forest structure characterization using lidar data in heterogeneous Pinus sylvestris stands. Forest Ecology and Management,2008,255(11):3677—3685.

[84]Chen Y,Shi P,Fung T,et al. Object-oriented classification for urban land cover mapping with ASTER imagery. International Journal of Remote Sensing,2007,28(29):4645—4651.

[85]Zhang B L,Song M,Zhou W C. Exploration on method of auto-classification for main ground objects of three gorges reservoir area. Chinese Geographical Science,2005,15(2):157—161.

[86]Kong C,Xu K,Wu C. Classification and extraction of urban land-use information from high-resolution image based on object multi-features. Journal of China University of Geosciences, 2006,17(2):151—157.

[87]Zhou W, Troy A. An object-oriented approach for analysing and characterizing urban landscape at the parcel level. International Journal of Remote Sensing, 2008, 29 (11): 3119—3135.

[88]Ivits E, Koch B. Object-oriented remote sensing tools for biodiversity assessment: A European approach//Proceedings of the 22nd EARSeL Symposium. Rotterdam: Millpress Science Publishers,2002.

[89]Ivits E,Koch B,Blaschke T,et al. Landscape structure assessment with image grey-values and object-based classification at three spatial resolutions. International Journal of Remote Sensing,2005,26(4):2975—2993.

[90]Platt R V,Rapoza L. An evaluation of an object-oriented paradigm for land use/land cover classification. The Professional Geographer,2008,60(1):87—100.

[91]Aubrecht C,Steinnocher K,Hollaus M,et al. Integrating earth observation and GIScience for high resolution spatial and functional modeling of urban land use. Computers, Environment and Urban Systems,2008,33(1):15—25.

[92]Durieux L,Lagabrielle E,Nelson A. A method for monitoring building construction in urban sprawl areas using object-based analysis of spot 5 images and existing GIS data. ISPRS Journal of Photogrammetry and Remote Sensing,2008,63(4):399—408.

[93]Lang S,Blaschke T. Bridging remote sensing and GIS-What are the main supportive Pillars// Lang S,Blaschke T,Schöpfer E. Proceedings of the 1st International Conference on Object-Based Image Analysis,Saltzburg,2006.

[94]Ebert A,Kerle N,Stein A. Urban social vulnerability assessment with physical proxies and spatial metrics derived from air- and spaceborne imagery and GIS data. Natural Hazards, 2009,48(2):275—294.

[95]Myint S W,Yuan M,Cerveny R S,et al. Comparison of remote sensing image processing techniques to identify tornado damage areas from Landsat TM data. Sensors,2008,8(2): 1128—1156.

[96]Reiche J, Hese S, Schmullius C. Objektbasierte Klassifikation terrestrischer Ölverschmutzungen

mittels hochauflösender Satellitendaten in West-Sibirien. Photogrammetrie,Fernerkundung,Geoinformation,2007,11(4):275—288.

[97]Park N W,Chi K H. Quantitative assessment of landslide susceptibility using high-resolution remote sensing data and a generalized additive model. International Journal of Remote Sensing,2008,29(1):247—264.

[98] Gusella L,Adams B J,Bitelli G,et al. Object-oriented image understanding and post-earthquake damage assessment for the 2003 Bam, Iran, Earthquake. Earthquake Spectra,2005,21(S1):S225—S238.

[99]Addink E A,De Jong S M,Davis S A,et al. The use of high-resolution remote sensing for plague surveillance in Kazakhstan. Remote Sensing of Environment,2010,114(3):674—681.

[100]Harvey F R,Raskin G. Spatial cyberinfrastructure:Building new pathways for geospatial semantics on existing infrastructures//Ashish N,Sheth A P. Geospatial Semantics and the Semantic Web. New York:Springer Verlag,2011:87—96.

第 2 章　GEOBIA 理论基础

地理本体从哲学中的本体引入地理信息科学,具有概念化、明确性、形式化、时空性、共享性等特征,能够以机器理解的形式明确表达整个 GEOBIA 的分类过程,能够将 GEOBIA 分类过程与计算机数据结构相连接,建立模拟人类感知过程的本体模型来实现遥感影像的计算机自动分类。

地理认知主要研究人类的地理空间感知、表象、记忆、思维过程,揭示了GEOBIA 智能化发展的深层次规律,有利于 GEOBIA 理论体系的分析和研究,也为 GEOBIA 智能解译系统的建立奠定了理论基础。

地理本体最根本,地理认知最有用,地理认知信息是地理本体信息经过认识主体的感知作用之后形成的信息,地理本体信息可以转化为地理认知信息,地理认知信息可以升华为地理智能信息。

地理知识是 GEOBIA 智能化发展的知识基础,是由地理信息通向地理智能的不可或缺的中介与桥梁,研究地理知识相关问题有助于揭示地理实体内部与外部的生态规律,建立地理信息、知识、智能之间的关联,推动 GEOBIA 的智能化发展。

地理尺度对于区分地理对象与地理环境尤为重要,是 GEOBIA 多尺度分割的基础理论,GEOBIA 影像分析的不同主题都有其特定的地理尺度。

2.1　地 理 本 体

地理本体已经成为地理信息科学中的一个新兴、正在发展的研究领域。具有相对成熟的地理本体表示语言、构建方法、构建工具以及推理机,为 GEOBIA 奠定了理论基础。

2.1.1　本体

1. 本体的概念

本体(ontology)来自哲学,是客观存在的一个系统的解释或说明,旨在研究客观事物存在的本质。在人工智能界,最早给出本体定义的是 Neches 等,他们将ontology 定义为"构成相关领域词汇的基本术语和关系,以及利用这些术语和关系构成的规范这些词汇外延规则"[1]。后来,在信息系统、知识系统等领域,越来越多的人研究本体,并给出了许多不同的定义。其中最著名并被引用得最广泛的定义是由 Gruber 提出的"本体是概念化的明确的规范说明"[2],Borst 对该定义进行了引申:"本体是共享的概念模型的形式化的规范说明"[3]。Studer 等对上述两个定义进行了深入研究,认为"本体是共享概念模型的明确的形式化规范说明"[4]。Devedži 给出了最通俗易懂的解释"某个领域的本体就是关于该领域的一个公认的概念集,其中的概念含有公认的语义,这些语义通过概念之间的各种关联来体现,本体通过概念集及其所处的上下文来刻画概念的内涵"[5]。

　　本体的定义虽有诸多不同,但是有关它的必要条件基本能在定义中得到体现。本体具有以下要素。

　　1)概念

　　概念是非常重要的角色,是人与机器操作的桥梁:①概念是人类对现实世界理解的表意符号(见图 2-1);②概念是机器操作的主要对象;③在人类和机器之间,需要建立一个数学模型使人类能够理解并控制机器的运作,而概念又是数学模型主要的构成元素。在本体中,概念又称为类,是相似术语所表达的概念的集合体。

图 2-1　事物、概念及符号之间的关系

　　2)关系

　　关系表示概念之间的一类关联,其中典型的二元关系如概念之间的 is-a 关系,它形成了概念之间的逻辑层次分类结构。

　　3)属性

　　概念的属性是指概念的一些描述方面,具有限制类中的概念和实例的功能,属性是区分类的标准,属性具有继承性,一个属性必须有相应的属性值。

　　4)公理

　　公理是公认的事实或是推理规则,是用来知识推理的。

5）函数

函数是关系的特定表达形式。函数中规定的映射关系,可以使推理从一个概念指向另一个概念。

6）概念的个体实例

概念的个体实例是逻辑层次最低的概念,简称实例。

2. 本体的分类

不同的本体有不同的作用,有人认为本体和知识库一样,是面向特定领域的,有的人认为本体是通用的,因此可以广泛应用和共享。这两种说法都是正确的,因为他们讨论的是不同类型的本体。根据不同的原则,对本体有不同的分类方式。Guarino 提出根据描述的详细程度和特定领域(任务)的依赖程度两个维度来对本体进行分类[6,7]。详细程度指描述或刻画建模对象的深度。详细程度高的称为参考本体,详细程度低的称为共享本体。依据对特定领域或任务的依赖程度,可将本体分为顶级本体(top-level ontology)、领域本体(domain ontology)、任务本体(task ontology)和应用本体(application ontology),四类本体之间的关系见图 2-2。

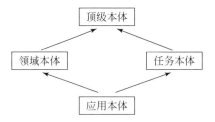

图 2-2　根据对特定领域或任务的依赖程度,本体的分类[6]

顶级本体:描述最普遍的概念及概念之间的关系,如空间、时间、物体、对象、事物、行为等,它们不依赖于具体的问题或领域,与具体的应用无关,至少在理论上是被大众公认的概念,因此可以在很大的范围内共享。

领域本体:描述的是特定领域的概念及概念之间的关系,是专业性的本体。在这类本体中表示的知识是针对特定学科领域的,如地理、化学等。它们提供了关于某个学科领域中概念的词表以及概念之间的关系,或是该学科领域的重要理论。

任务本体:描述的是特定任务或行为中的概念及概念之间的关系。任务本体提供了解决与特定任务相关联问题的术语集合。因此,任务本体与解决问题的方法相关。

应用本体:描述依赖特定领域和任务的概念及概念间关系。一个应用本体与用来描述专业领域的概念相关联,这些概念是解决问题的方法体系的组成部分。它们明确表示出在特定的解决问题的方法体系中,专业领域的概念所起的作用。

概念通常对应于领域实体在执行某特定行为时担当的角色。它既可以引用涉及特定的领域本体中的概念,又可以引用出现在任务本体中的概念。

3. 本体研究的意义

本体以机器可以理解的形式化语言来描述知识,从根本上解决人与机器、机器与机器之间的信息、知识交流障碍。本体可以作为一座架在语义鸿沟上的桥梁,这座桥梁的一端是实际的语法表达形式,而另一端是这种表达的抽象概念模型。本体已经成为知识工程中一种重要的工具,在知识的获取、表示、分析、组织和应用等方面具有重要的意义。

(1)本体能够获取知识工程中的本质知识,把知识工程中研究的知识向更深、更本质方向推进。本体研究实体的存在性和实体存在的本质,这是深层的知识,是本质上的知识。对这部分知识的获取、表示、分析和应用也是知识工程的重要内容。

(2)本体能够显式地表示领域知识和领域假设。领域知识包括概念领域、概念性质、概念之间的关系、概念之间的一般规律等。领域本体的研究使在人看来一目了然的概念和概念之间的关系都形式化地加以描述。概念之间的各种规律、联系和假设等都被显式地描述出来,这有利于全面地获取和分析并利用知识。

(3)本体能够使知识共享和知识重用成为可能。为了操作和使用不同领域、不同性质或用于不同目的的知识,人们提出各种各样的知识表示和推理方法,开发出各种不同的知识系统。采用不同的表示和推理机制,导致这些系统之间的知识难以相互共享,系统之间难以进行互操作。但本体研究为各种不同或者相同的知识系统之间的知识共享、互操作和重用提供了手段。

(4)本体能够有助于知识的整体分析。人们总结出多种获取知识的方法,并获取了大量的知识,但如何判断知识的正确性、有效性、一致性是必然要解决的一个问题。由于知识数量巨大、知识本身具有模糊性和二义性、表示形式的多样性等,知识分析变得非常困难。因此,研究本体有助于从整体上对知识进行分析。

4. 本体的国内外研究现状

1)国外研究现状

国外关于本体的研究主要集中在本体理论研究、本体知识研究、本体构建研究等,主要研究机构有麻省理工学院计算机科学与人工智能实验室、斯坦福大学知识系统实验室、卡尔斯鲁厄大学、马德里理工大学、多伦多大学和马里兰大学等(见表2-1)。

表 2-1　国内外相关领域研究机构

研究机构	研究领域
麻省理工学院计算机科学与人工智能实验室	语义网构建、知识表示与知识推理、知识挖掘与发现
斯坦福大学知识系统实验室	本体建模工具、本体应用层、人工智能的知识表示与知识推理
卡尔斯鲁厄大学	本体的知识门户和语义门户、知识表示与推理、本体工程、本体推理研究、本体学习研究、本体进化与知识管理研究、本体服务研究等
马德里理工大学	本体建模工具、本体开发
多伦多大学	知识挖掘、规则评价
马里兰大学	知识挖掘、规则评价
浙江大学人工智能研究所	知识发现与知识工程、分布式人工智能与 Agent 技术知识表示、专家系统
武汉大学软件工程国家重点实验室	本体元建模、元模型框架
国防科学技术大学	本体映射方法、本体的智能信息检索
上海交通大学 APEX 数据和知识管理实验室	Web 搜索及挖掘、语义搜索、本体工程、本体构建

　　斯坦福大学的知识系统实验室无论是在本体建模工具领域还是在本体应用层的研究方面都站在了知识工程领域的最前沿,其主要研究人工智能领域中的知识表示和推理,如 Ontology、知识库和知识系统模块等。代表项目有 DAML 工程 (DARPA agent markup language project),主要成果是创建了一种本体描述语言——DAML,该语言允许用户在其数据上标记语义信息,从而使计算机能对所标注的信息资源进行理解。该实验室的 Ontolingua Server 是第一个本体工具。该工具允许分散团体通过 Web 发表、浏览、创立和编辑存储在 Ontolingua Server 上的本体,从而辅助协作开发。

　　卡尔斯鲁厄大学和以他们为首的应用情报学和形式化描述方法研究所对本体基础理论和本体的数学表达进行了深层次的研究。研究所目前从事的重点是构建基于本体的知识门户和语义门户,其课题研究范围涉及知识管理、知识表示与推理、语义网、本体工程、Web 系统、知识门户、数据文本挖掘、机器学习、形式概念分析、办公信息系统等十余个领域。目前,AIFB(Angewandte Informatik und Formale Beschreibungsverfahren)研究所承担的与本体相关或者基于本体的研究项包括:语义技术查询表达(expressive querying for semantic technology, ExpressST)、为 OWL 知识库开发下一个查询语言、ACTIVE 项目、Theseus 项目、本体推理研究、本体学习研究、本体进化与知识管理研究、本体服务研究等。

　　马德里理工大学提出使用 Methontology 方法来构建本体。该方法结合了骨架法和 GOMEZ-PEREZ 方法,使用本体生命周期的概念来管理整个本体的开发过程,使本体的开发过程更接近于软件工程中的软件开发过程。目前使用这种方法开发的本体有:(Onto)Agent,是基于本体的 Web 代理,使用参考本体作为知识源;化学本体(chemical ontology),是基于本体的化学教育代理;Ontogeneration,使用化学领域本体和语言本体来生成西班牙语的描述。

2)国内研究现状

与国外相比,国内无论是在理论研究、实证研究,还是在技术手段的实现和应用方面都相对落后,主要科研力量是大学及科研机构,如浙江大学、武汉大学、国防科学技术大学、上海交通大学等(见表 2-1)。更倾向于本体算法、匹配、映射、建模、推理和抽取方面的研究。

浙江大学人工智能研究所一直致力于计算机科学、技术与工程的研究,其主要研究领域为人工智能领域,已取得了知识表示和专家系统方面的成果,使浙江大学无论是在新技术应用还是在本体研究中都处在国内领先地位。

武汉大学软件工程国家重点实验室也是重要的本体理论研究单位,何克清参与制定的 ISO/IEC 为促进复杂信息资源管理与互操作而订立的新标准的第三部分——本体注册的元模型框架,并开发了若干支撑该标准的软件示范平台,取得了一系列有价值的研究成果。

上海交通大学 APEX 数据和知识管理实验室也是重要的研究力量,目前研究方向是 Web 搜索及挖掘语义搜索、P2P 搜索、语义网、本体工程和无线应用。APEX 实验室从事与本体相关的项目包括:由 IBM 中国研究中心支持的本体工程环境项目,主要研究如何构建本体机器演化方法,并开发一个集成的本体编辑环境ORIENT。

国防科学技术大学的徐振宁等在基于本体的智能信息检索的研究中提出多主体系统(multi-agent system,MAS)作为智能检索的系统框架。曹泽文、徐德智对本体的映射方法、概念间相似度的计算等方面进行了研究。

2.1.2　地理本体

1. 地理本体的概念

不同研究团体根据其使用目的对地理本体给出了不同的表述[8~10],但其本质是一致的,都认为地理本体是一个涵盖了哲学、Web、人工智能、地理信息等多学科、跨领域的理论体系,是指地理领域内共享概念模型的、明确的形式化规范说明,即把有关地理科学领域的知识、信息和数据抽象成一个个具有共识的对象(或实体),并按照一定的关系组成体系,同时通过概念化处理和明确定义建立概念模型,最后采用形式化进行表达的理论与方法[11,12]。地理本体具有概念化(指通过确定现实世界中现象的相关概念获得该现象的抽象模型)、明确性(指所用到的概念以及这些概念使用的约束都具有明确的定义)、形式化(指对概念及其关系进行精确描述且易于计算机理解)、时空性(指具有空间位置、形状和大小、时间特性及发展历程等)、共享性(指本体描述的知识是相关领域中共同认可的)等特征[12,13]。地理本体的核心是地理本体的构建、查询与推理方法。

2. 地理本体研究的意义

地理本体的研究对解决地理信息建模、语义互操作、空间数据重用及共享、数据挖掘等问题,以及促进地理信息系统的智能化、网络化和大众化发展具有重要意义。地理本体的研究可以为以下几个主要方面提供重要的理论与方法支撑。

(1)语义互联网。语义互联网提出后发现必须定义好底层的领域本体才可能顺利构造出语义互联网。语义互联网的基础就是本体。为了使计算机能够理解,必须用形式化的本体来定义互联网资源中的数据和源数据的意义。地理信息资源作为语义互联网的重要资源,如何融入语义互联网是地理信息科学的重要课题。地理本体的抽象与构建是其重要基础,怎样让地理数据与信息在全球信息网格上运行,地理空间数据定义共享和互操作需要借助本体数据库思想建立一个统一的语义网络,来描述同一个客体在不同专业空间数据库中的语义描述及其转换[14]。

(2)地理信息系统之间的语义互操作。实现地理信息资源共享与互操作是地理信息技术发展的一个重要方向。从信息观点看,为了实现互操作,两个系统必须是信息模型可互操作。为了实现信息模型互操作,两个系统必须在语法和语义上可互操作。语法互操作是指两个系统流动和被处理的信息使用相同的结构,语义互操作是指两系统对其中流动和被处理的信息有相同的语义理解[15]。

(3)知识级地理信息共享与知识重用。随着大量地理知识、信息与数据的丰富和 GIS 与互联网技术发展,实现信息、数据和知识的共享是完全可能的。由于主体(人)对客观地理事物的认识存在较大差异,经常造成可能共有,但不能真正共享与重用。例如,对土地覆盖分类数据,不同国际组织、不同国家、不同部门和不同群体等具有不同的认识,并按照各自的认识进行数据生产和信息提取,造成相互之间的交流与实质性共享和重用非常困难[16]。为此,国际上也召开专题协调会议(全球森林观测与土地覆盖动态变化)[17]。因此,在某些地理领域抽象一个合理和共识性地理本体是非常重要的,同时建立不同认识之间的语义映射机制也是非常必要的。

(4)地球科学中语义建模。在对地球系统的过程进行建模时,需要本体的辅助使不同领域的模型能够互相交互、重用和共享。在描述这些过程时,需要将过程的行为、时空特性与其他过程的关系等描述出来。这些过程描述的集合构成一个过程库,称为模拟框架的基础。在地球系统建模中使用和表达语义将增强人们对环境系统进行科学研究和考察的能力,语义网为描述各种解决方法提供了平台和模型,也为模型的使用带来了新途径[18]。

　　3. 地理本体的国内外研究现状

　　从 20 世纪 90 年代中后期开始,各国对地理本体的研究不断得到重视(见表 2-2),它已成为包括自然语言处理、知识工程、知识表示在内的诸多人工智能理论和技术研究团队的热门课题,UCGIS 更是将地理本体列入十大长期研究和挑战的首要任务[19]。

表 2-2　主要研究机构

承担机构	主要项目或计划
美国国家科学基金会	地理类型的本体调查、地理空间信息集成、面向数字政府的地理空间知识本体
希腊雅典国家技术大学	地理本体研究组
美国宇航局	地球与环境术语集语义网
卡尔斯鲁厄大学	网络本体项目
英国地形测量局	基于概率的地理空间本体框架
加利福尼亚大学圣巴巴拉分校	地理信息本体框架
美国地质调查局	地形特征语义本体
联合国粮农组织	地缘政治本体
柏林工业大学	地理本体匹配评估
斯坦福大学	本体开发和构建
弗劳恩霍夫应用研究促进协会	知识表现和管理
开放大学	语义分析和本体构建
曼彻斯特大学	图形化本体编辑
阿姆斯特丹自由大学	知识获取
欧洲标准化协会	欧洲交通地理数据标准
中国科学院	知识管理和信息集成
东南大学	语义检索和信息提取
武汉大学	信息分类和共享
上海大学	面向本体的形式化概念扩展模型和算法
中国测绘科学研究院	本体驱动的地理信息检索与服务

目前,地理本体研究主要集中在地理本体理论、知识工程、信息集成、信息检索等方面。

1)地理本体理论

美国国家地理信息和分析中心的 Mark 等针对地理目标的本体特征进行了相关研究[20];卡尔加里大学的研究人员利用 GeoCO 本体表示地理空间和聚类领域知识,以解决聚类过程中过于强调方法的高效而没有关注领域知识和用户的目标问题[21];慕尼黑大学的 Kuhn 提出了一种从自然语言文本中抽取地理领域本体的方法,通过分析文本中的对象行为,并从交通信息中提取汽车导航领域本体,以此为例说明该方法的可行性[22]。武汉大学的李霖等引入义素分析法、形式概念分析方法,结合逻辑学、语言学及知识工程等相关知识,对基于本体的基础地理信息自动分类进行了研究[23];黄茂军等从哲学、信息论两个方面阐述了地理本体的不同含义[24]。

2)知识工程

斯坦福大学的 Gruber 最早在 1993 年提出了本体在知识工程领域的定义,在基于本体的语义网知识共享领域进行了大量的研究[2];联合国粮农组织开发的地缘政治本体利用一些成员国国家概况的基础数据,提供一个可重用的资源供国际交流[25]。英国地形测量局对逻辑拓扑本体进行了研究,结合水利设施自身的防洪潜力,用于识别不同对象间的拓扑数据[26]。中国科学院计算技术研究所的曹存根等在重点项目"国家知识基础设施(China National Knowledge Infrastructure,CNKI)"中对知识的形式化本体理论进行了研究[27];该院计算机语言信息中心的董振东等所从事和构建的知网(HowNet)研究,可称作"中国第一个电子知识系统",也是一种本体库,以揭示概念之间以及概念所具有的属性之间的关系为基本内容,目前已经包括中文、英文各 10 余万个词语义项的定义[28]。

3)信息集成

信息集成主要研究地理本体概念描述、本体获取和集成、形式化表达等方面,用于解决语义层次的互操作及地理信息集成[11]。美国国家科学基金会在 1999~2000 年分别开展了"数字政府:地理空间知识本体"和"数字政府:地理空间知识的表示与分发"项目研究;康涅狄格大学的 Zhang 以交通数据为实验对象,研究了本体的语义信息集成和转换问题,给出了实例[29];雅典国家技术大学开展了"地理本体研究组"项目研究,在本体运用方面的研究主要有形式化本体、本体工程、本体集成、语义互操作等[30];Delgado 等提出了一种地理本体匹配的评估技术,用于提高语义网络研究中本体的自动集成程度[31]。中国科学院地理所的杜云艳等面对数据集成的难题,提出基于地理本体的中国海岸带及近海科学数据集成新思路[32];武汉大学的崔巍从空间信息语义网格出发探讨了基于语义的地理信息系统集成和互操作,并提出了一种基于本体和轻量目录访问协议的多层网格体系结构的实现方案[8];李军利等提出了一种基于描述逻辑的地理本体融合方法,寻求地理本体中类之间、关系之间及二者之间的匹配关系,以实现本体间类、关系的匹配[33]。

4)信息检索

联合国粮农组织为了提高农业相关网络信息的准确检索方法,在 2001 年开始建设农业本体论服务(Agricultural Ontology Service, AOS)项目,构建农业信息的标引、检索平台[34];乔治梅森大学的 Yue 等提出基于本体的半语义地理空间服务链方式用于语义检索[35];英国卡尔迪夫大学的克莱因等利用本体构建了一个地理信息资源发现与检索架构,以扩展 OGC 目录查询服务。中国测绘科学研究院的刘纪平等于 2010 年在"863"课题"本体驱动的地理信息检索与服务技术"研究中,提出了面向地理事件的地理本体的概念,并通过不同类型的地理本体实现了相关地理信息检索与个性化服务[36];武汉大学的段红伟等结合 RDF 数据组织方法和常用空间索引技术,提出了一种轻量级的地理语义框架查询方法,以实现基于 SPARQL 的地理语义空间查询[37];黄冈师范学院的黄勇奇等利用地理本体和 SWRL 规则,进行了农业地理信息时空检索研究[38]。

2.1.3　地理本体表示语言

地理本体表示语言作为表示本体的语言工具,具有如下基本功能:为本体的构建提供建模元语;为本体从自然语言的表示格式转化为机器可读的逻辑表达格式提供标引工具;为本体在不同系统之间的导入和输出提供标准的机读格式;形式化语言表示,利用机器可读的形式表示语言表示本体,可以直接被计算机存储、加工、利用,或在不同的系统之间进行互操作。

根据本体应用的不同,又可以将本体表示语言大致归结为基于人工智能的本体实现语言和基于 Web 的本体语言(本体标记语言)两大类。随着互联网技术的发展,本体标记语言逐渐占据了主导地位。图 2-3 是本体语言分类层次。

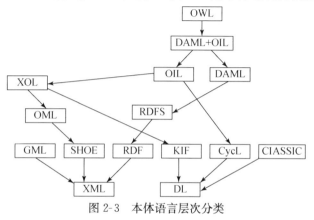

图 2-3　本体语言层次分类

目前国际上本体描述语言种类较多,主要有:描述逻辑(DL)、RDF模型语言(RDF、RDFS)、开放式知识库(Ontolingua、OKBC)、可操作概念建模语言(OCML)、框架逻辑(Flogic)、基于XML的本体交换语言(XOL)、本体交换语言(OIL)、美国国防部高级研究计划署本体标记语言(DAML)、主题图(DAML+OIL、TM)、Web本体语言(CycL、OWL)、简单HTML本体扩展(SHOE)、知识交换格式(KIF)等。

其中,RDF和RDFS、OIL、DAML、OWL、SHOE和XOL是与Web相关联的本体描述语言,RDFS、OIL、DAML、OWL、XOL都是基于RDF发展起来的,它们在RDF的基础上进行了一些扩充,而这些语言又都是基于XML的,SHOE是基于HTML的,是HTML的扩展。

2.1.4　地理本体构建方法

本体的构建方式根据自动化程度的不同可以分为手工、半自动和自动构建三种情况。

手工操作的方式需要完全由领域专家来确定知识的内容以及知识间的关系等。该方法可以严格控制,得到的本体能够有可靠的质量保证。

半自动构建主体主要是通过机器辅助人工操作的方式来实现的,机器可以在不同的阶段中发挥作用,如概念的提取、概念间关系的确立等。这种构建方式仍然强调人的作用,在内容控制方面仍然靠人工操作来把握。

自动构建方式是指概念及关系等内容的获取完全由计算机自动实现。典型的自动构建的本体有Microsoft的MindNet,系统的知识来源于词典和百科全书。本体自动构建所需的方法和技术方面的支持主要包括语言学方法、自然语言处理、机器学习等。目前,自动构建本体的实际方法很少,大多数的研究成果都是给出一个指导方向,研究人员主要提出了三种思想:自顶向下、自底向上和中间扩展。自顶向下法首先由相关领域专家建立起一个基础的本体,然后以此为基础,从领域知识中进一步抽取其他概念以及概念间的关系并将它们添加到本体中来,此过程不断进行,直到形成一个比较完善的本体。自底向上法的理念是通过已有的小规模本体间概念的相似度计算进行本体间的合并,最终生成一个较大规模的本体。中间扩展法将前面两种方法结合起来,先由领域专家通过对领域中知识的分析得到部分概念和概念间的关系,在此基础上建立起一个相对简单的本体,并进一步将领域中的其他概念扩展到其中,扩展方向可以向上或向下,直到本体完善位置。

目前比较成熟的本体构建方法有企业建模法、骨架法、Methontology法、IDEF5法、循环获取法、知识工程法、七步法、原型进化法等[39]。这些方法各有其优缺点,不存在绝对正确的建模方法,所有的解决方案都依赖于具体的应用目的[40,12]。与地理相关的本体有SEEK(science environment for ecological knowledge)(网址为 http://seek. ecoinformatics. org)、SWEET(semantic Web for earth and environmental terminology)(网址为 http://sweet. jpl. nasa. gov)等。

2.1.5　地理本体构建工具

本体构建工具(本体编辑工具)用于本体的构建,主要具有编辑、图示、自动转换置标语言、自动将系统内容转换成数据库、可以附加软件插件等功能。目前,本体构建工具不少于 100 种,其中较为成熟、知名度较高、较为常用的本体建模工具包括:ontoEdit、ontolingua、ontoSaurus、WebOnto、OilEd、Protégé[41]。软件的介绍如表 2-3 所示。

表 2-3　本体建模工具介绍

工具	输入语言	输出语言	可扩展性	本体库	推理功能	源码	多重继承	一致性检验
ontoEdit	RDF（S）、XML、DAML + OIL、F 逻辑	RDF(S)、XML、DAML + OIL、框架逻辑	无	有	有	不开放	有	通过插入分析器进行检验
ontolingua	ontolingua	IDL、Prolog、CLIPS、LOOM、Epikit、KIF	有	有	无	不开放	无	由 Chimaera 详细检验
ontoSaurus	Loom	KIF、OKBC	有	有	有	不开放	有	提供一致性检验
WebOnto	OCML	OCML、ontolingua、GXL、RDF(S)、OIL	无	有	有	不开放	有	通过 OCML 检验
OilEd	RDF（S）、OIL、DAML+OIL	RDF（S）、OIL、DAML + OIL、SHIQ、SHOQ、HTML、DIG	无	有	有	开放	无	通过 FACT 检验
Protégé	XML、RDF(S)、OWL	RDF(S)、XML、DAML + OIL、OIL、DAML、OWL、HTML	有	无	有	开放	有	通过添加一些插件检验

2.1.6　地理本体推理机

本体推理机一般体系结构由本体解析器、查询解析器、推理引擎、结果输出模块和 API 五大模块组成(见图 2-4)。

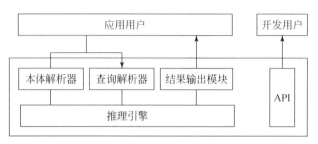

图 2-4　本体推理机的体系系统结构

(1)本体解析器负责读取和解析本体文件,它决定了推理机系统能够支持的本体文件格式,如 RDF、OWL、SWRL 等。解析性能的好坏直接决定了推理机能否支持对大本体文件的解析。

(2)查询解析器负责解析用户的查询命令,虽然 SPARQL 已经成为了 RDF 的候选标准查询语言,但目前还没有一种公认的针对 OWL 的标准查询语言,目前使用较多的有 RDQL、nRQL、OWL-QL 等。

(3)推理引擎负责接收解析后的本体文件和查询命令,并执行推理流程,它是本体推理机的核心部件,因为它直接决定本体推理机系统的推理能力。目前大部分推理引擎是基于描述逻辑算法实现的。

(4)结果输出模块对推理引擎机所推导出来的结果进行包装,以满足用户的不同需求。它决定了本体推理机能够支持的文件输出格式,一般常用的有 XML、RDF、OWL 等。

(5)API 模块主要面向开发用户,一般包含三大部分,即 OWL-API、DIG 接口以及编程语言开发接口。

本体推理机常用的规则按定义方式分为三种:RDFS、OWL 内置的常识规则、自定义名称属性的规则和自定义规则。由于本体推理机是本体创建和使用过程中必不可少的基础性支撑工具之一,因此国内外许多研究机构研发了一大批本体推理机。其中比较典型的推理机有 Jess、Racer、FaCT++、Pellet 和 Jena。

2.2　地　理　认　知

地理认知是认知科学的一个重要研究领域,主要研究人类的地理空间感知、表象、记忆、思维过程,揭示了 GEOBIA 智能化发展的深层次规律,有利于 GEOBIA 理论体系的分析和研究,也为 GEOBIA 智能解译系统的建立奠定了理论基础。

2.2.1　认知

1. 认知的概念

认知(cognition)是认知心理学的一个重要概念,是人脑反映客观事物的特性与联系,揭露事物对人的意义与作用的心理活动。认知科学是研究人类认知的本质及规律,揭示人类心智奥秘的科学。它的目的就是说明和解释人在完成认知活动时是如何进行信息加工的,它的研究范围包括知觉、注意、记忆、动作、语言、推理、思考乃至意识在内的各个层次和方面的人类的认知活动。认知科学是建立在心理学、计算机科学、神经科学、人类学、语言学、哲学共同关心的交界面上,即为解释、理解、表达、计算人类乃至机器的智能的共同兴趣上,涌现出来的高度跨学科的新兴科学[42]。

按照认知科学的理论,认知过程包括感知、注意、记忆、思维、语言和情绪六个方面(见图 2-5)。

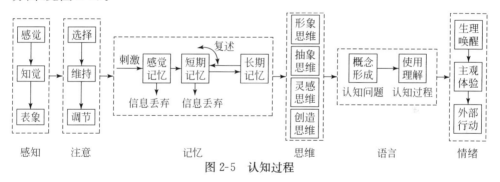

图 2-5　认知过程

1)感知

感知是认知过程的第一环节,其通过感觉器官获知事物的状态及其相互关系。感知阶段又可以分为感觉、知觉和表象三个相互联系和逐层递进的基本过程。

2)注意

注意是认知心理活动在某一时刻所处的特殊状态,表现为对一定对象的指向与集中。注意在认知活动中扮演着重要的角色,是认知过程中的第一道关口:什么刺激值得关注,什么刺激应当被抑制。注意在感知过程中实现了三项重要的功能:选择、维持、调节。

3)记忆

记忆是认知过程的重要环节,人们有了记忆,才可以积累和增长经验,前后的经验才可以相互联系,使心理活动成为一个不断增进和发展的过程,而不是静止和孤立的过程。记忆本身包括三个基本过程:编码、存储和提取。人类的记忆分为感觉记忆、短期记忆和长期记忆。

4）思维

思维是认知过程的中心环节,是在面对特定实际问题、约束条件和预设目标的情况下获得信息和知识,进而寻求"能够满足约束、解决问题、达到目标"策略的整体能力。根据目前的认知,思维可以包括形象思维、抽象思维（逻辑思维）、灵感思维、创造性思维等不同类型。

5）语言

语言是人类建立的关于世界各种事物、信息、知识的有序表示系统。认知语言学把语言的运用看做一种认知活动,认知语言学的任务是研究与认知有关的语言的产生、获得、使用和理解过程中的共同规律以及语言的知识结构。因此,认知语言学的内容包括语言概念形成的认知问题及语言使用和理解的认知过程。

6）情绪

情绪是人类个体在情景交互作用过程中的一种心理表现,对人的活动具有重要的影响。情绪是认知功能的重要因素,认知与情绪经常存在相互作用,因此,忽略情绪作用的认知理论是不完全的。情绪问题包含三个层次,即生理层次上的生理唤醒、在认知层次上的主观体验和在表达层次上的外部行动。

2. 认知的研究意义

认知是研究以人类为中心的知识和智能活动,认知研究将使人类自我了解和自我控制,把人的知识和智能提高到前所未有的高度。如何从大量的、多方面的知识中提炼出最重要的、关键性的问题和相应的技术,是目前认知的研究主要方向。

认知深刻揭示了人类对事物认识的本质及规律,认知的最终目标是实现智能认知。计算机智能活动至少需要以下功能支持而且缺一不可:信息获取、信息传递、信息处理、知识生成、策略制定及策略执行。知识生成和策略制定是整个智能活动过程的核心,是智能的主要承担者和体现者,而从信息科学技术发展来看,认知的过程是由两段（传感系统和控制系统）走向中介（通信系统）再至前端（计算系统）,最后走向核心（智能）。因此,研究认知有助于实现人类认知活动的智能化。

3. 认知的国内外研究现状

认知科学起源于古代,基本上以思辨式的研究为主。从 20 世纪 30 年代开始,一批有远见卓识的科学家就已经开始了认知科学的基础研究,1973 年,美国心理学家朗盖特第一次在论文中使用认知科学（cognitive science）一词。从此以后,世界各国的名牌大学及科研院所纷纷成立认知科学的研究中心或研究所,并创刊了一批具有国际影响力的认知科学学术期刊,如 *Cognitive Psychology*、*Cognition*、

Cognitive Neuroscience。上述种种努力,使认知科学得到了迅速发展,并逐渐成为世界各国争相发展的前沿学科。表 2-4 列出了国内外认知研究机构。

表 2-4　国内外认知研究机构

研究机构	研究领域
加利福尼亚大学圣地亚哥分校的认知科学系	脑、行为、计算
加利福尼亚大学伯克利分校的认知科学研究所	Lakoff 等的原型理论和心象图式;Fillmore 等的格语法和构造语法;Slobin 的语言获取的操作法则;Feldman 的整体平行联结网络
麻省理工学院的脑与认知科学系	分子细胞神经、系统神经科学、认知科学、计算、认知神经科学
布朗大学的认知和语言科学系	视觉研究、言语研究
英国医学研究理事会认知与脑科学所	注意、认知和情绪、语言和交流、记忆和知识
中国科学院生物物理研究所脑与知识科学国家重点实验室	脑与认知科学、视知觉和注意的基本表达、感知觉信息加工的脑机制、高级认知过程及其脑机制、脑与认知功能异常及其机制
厦门大学知识论与认知科学研究中心	认知科学的知识论基础研究、实验哲学问题、仿脑智能系统、认知问题的逻辑、语言与心理学研究
北京师范大学认知神经科学与学习研究所	基本认知过程与学习、语言认知、数学认知与学习、情绪与认知的相互作用、心脑发展与脑发育和认知神经科学的方法学
华东师范大学认知神经科学研究所	感知、学习与记忆等脑高级认知功能的神经机制

　　目前,世界上最有影响力的认知研究机构有加利福尼亚大学圣地亚哥分校的认知科学系、加利福尼亚大学伯克利分校的认知科学研究所、麻省理工学院的脑与认知科学系、布朗大学的认知和语言科学系、英国医学研究理事会的认知与脑科学所等。

　　加利福尼亚大学圣地亚哥分校的认知科学系主要从事以下三个领域的研究工作。①脑:强调对神经生物学过程和现象的理解。②行为:注重心理学、语言学和社会文化环境的研究。③计算:结合计算机制的研究,考察各种认知能力及其限制。该认知科学系既进行实验室控制情景下的认知研究,也进行日常生活中自然情景下的认知研究,并对两类情景下的认知活动建模。

　　麻省理工学院的脑与认知科学系有以下五个重点研究领域。①分子和细胞神经领域。②系统神经科学领域,研究问题包括感觉刺激的转换和编码、感觉运动系统的组织、脑与行为的循环交互作用等。③认知科学领域。主要研究心理语言学、视知觉和认知、概念和推理以及儿童认知能力的发展等。④计算领域。主要研究机器人技术和运动控制、视觉、神经网络学习、基于知识的知觉和推理。⑤认知神经科学领域。麻省理工学院已将神经科学和认知科学列为该院今后 10～20 年发展的重要研究领域,目标是要使该院的脑与认知科学系在神经科学和认知科学领域占据领导地位。

布朗大学的认知和语言科学系是美国最早建立的认知科学系之一。该系的教授有着不同的学科背景,分别来自应用数学、计算机科学、神经科学和心理学等系。例如,视觉研究组可以同时采用计算、心理学和生态学三种研究方法对知觉和行动进行研究;言语组则同时从实验、发展、神经语言学和进化的观点来研究言语知觉。视觉和言语是该系的主要研究领域。

英国医学研究理事会的认知与脑科学所的人员和项目分为以下四个研究方向。①注意:主要研究选择性注意的基本过程和这些过程依赖的分布式脑系统。②认知和情绪:主要研究唤起和调节情绪的基本认知和神经过程的性质。③语言和交流:该项目把人类语言看作一个认知、计算和神经的复杂系统进行研究。④记忆和知识:该项目主要从事记忆的理论与临床研究。

目前,国内的认知研究机构有中国科学院生物物理研究所脑与知识科学国家重点实验室、厦门大学知识论与认知科学研究中心、北京师范大学认知神经科学与学习研究所、华东师范大学认知神经科学研究所等。

中国科学院生物物理研究所脑与知识科学国家重点实验室立足于脑与认知科学的基础研究,同时开展相关领域的多学科交叉研究,以"围绕研究方向形成共同的研究计划、建设共同的实验环境平台、创立新的原则并着力将研究成果服务于相关应用领域"为主要目标;以视知觉和注意的基本表达、感知觉信息加工的脑机制、高级认知过程及其脑机制、脑与认知功能异常及其机制为主要研究方向。

厦门大学知识论与认知科学研究中心目前计划主要从事如下四个方向的研究。①认知科学的知识论基础研究,包括认知的可信赖性过程,证据与信念的确证关系,信息输入与命题输出的认知模式,内在主义、外在主义与认知结构等。②实验哲学问题,包括传统哲学问题的思想实验。③仿脑智能系统,包括仿脑计算关键技术及其应用,自治机器人的不确定时空认知能力及其神经-符号实现。④认知问题的逻辑、语言与心理学研究,包括面向智能机器人的时空认知逻辑及其算法实现,时空认知逻辑及其相变实例的算法博弈解,面向汉英机器翻译的汉语名词性隐喻的计算方法研究等。

北京师范大学认知神经科学与学习研究所以高级认知功能发展变化为主线,以"学习与脑的可塑性"为核心科学问题,围绕学习的一般规律和机制以及特殊领域学习的认知与脑机制开展认知神经科学研究。主要有五个研究方向:基本认知过程与学习、语言认知、数学认知与学习、情绪与认知的相互作用、心脑发展与脑发育和认知神经科学的方法学研究。

2.2.2　地理认知

1. 地理认知的概念

认知科学应用到地理信息科学中就形成了地理认知(geo-cognition),也称地理空间认知(geo-spatial cognition)。地理认知是对现实世界的空间属性,包括位置、大小、距离、方向、形状、模式、运动和物体内部关系的认知,狭义上讲,是通过获取、处理、存储、解译地理信息来生成地理知识的过程。广义上讲,是通过获取地理信息生成地理知识,执行智能策略的过程,反映了信息-知识-智能的内在转换机理 。

就目前的研究资料来看,地理认知的理论并没有形成一套完整的理论体系,常用的理论方法有层次性分类理论、3W(where、what 和 when)的认知理论、命题理论、成像理论。

地理认知与人对于其他事物认知的过程相同,主要包括地理感知、地理表象、地理记忆、地理思维、地理决策五个过程(见图 2-6),对应于获取、处理、存储、解译、决策过程,蕴涵着地理"数据-信息-知识-智能"相互转换的机理。

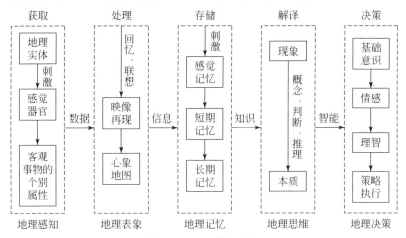

图 2-6　地理认知过程

(1)地理感知是研究地理实体(刺激物)作用于感觉器官产生对地理空间的感觉和知觉的过程。感知是客观事物的个别属性、特性在传感器中的反映。利用遥感遥测系统,可以远距离获取地理实体的信息,扩展人类获取信息的能力。

(2)地理表象是研究对地理实体感知的基础上产生表象的过程,它是通过回忆、联想使在感知基础上产生的映像再现出来。这一过程包括对地理信息的综合处理(如事物的选择、形状化简等)以及相互关系的重构,经过加工生成心象地图。显然,地理空间认知的表象过程与认知地理环境的目的性和倾向性有关。

（3）地理记忆是人的大脑对过去经验中发生过的空间地理环境的反映。根据记忆操作时间的长短，可将其分为感觉记忆、短期记忆和长期记忆三种基本类型，记忆本身包括三个基本过程：编码、存储和提取。

（4）地理思维是地理认知的高级阶段，它是提供关于现实世界客观事物或现象的本质特性和空间关系的知识，在地理空间认知过程中实现从现象到本质的转化，它是对现实空间的非直接的、经过复杂中介——心象地图的反映，是在心象地图及其存储记忆的基础上进行的。

（5）地理决策是地理认知转为地理智能的过程，将地理思维得到的本质知识依次转换为基础意识生成能力、情感生成能力、理智生成能力和综合决策能力，并把策略转换成行为。

2. 地理认知的研究意义

现代地理学研究方法的科学性与学科发展的综合性，提出了研究地理学理论体系与方法体系发展的内在和深层的规律要求；而地理认知科学作为专门研究人类认知地理过程和发现方法规律的科学，通过研究人脑对地理空间信息的认知原理、过程和规律，提升认知的智能化水平，为 GEOBIA 理论与方法发展的内在和深层规律的研究提供手段，有利于 GEOBIA 理论体系的分析和研究，也为 GEOBIA 智能解译系统的建立奠定理论基础。

3. 地理认知的国内外研究现状

地理认知研究是地理信息科学的核心内容之一，包括地理事物在地理空间中位置的研究和地理事物本身性质的研究。作为认知科学与地理科学的交叉学科，地理认知研究得到广泛重视。1995 年，美国国家地理信息与分析中心（National Center for Geographic Information and Analysis，NCGIA）发表了 *Advancing Geographic Information Science* 报告，提出地理信息科学的三大战略领域为地理认知模型研究、地理概念计算方法研究、地理信息与社会研究。空间信息理论会议（Conference on Spatial Information Theory，COSIT）是有关地理信息科学认知理论极富影响力的论坛，它是促进地理信息科学认知基础研究领域发展和成熟的一个重要标志，该会议自 1993 年起每两年举行一次，召集了来自地理学、大地测量学、地理信息科学、计算机科学、人工智能、认知科学、环境心理学、人类学、语言学及思维哲学等空间信息理论的专家。会议主题是大尺度空间，特别是地理空间表达的认知和应用问题。美国国家科学基金会（National Science Foundation，NSF）和中国自然科学基金委员会将地理空间认知作为优先资助的研究方向之一。美国大学地理信息科学协会（University Consortium for Geographic Information

Science, UCGIS)为地理信息系统划分了 19 个研究方向,这 19 个方向又可以归属于地理数据的收集、处理、分析与表达四个阶段,其中空间认知(spatial cognition)、空间本体论(spatial ontology)是其热门的研究方向。围绕空间认知,已经成功举办了 6 次国际空间认知会议(*International Conference on Spatial Cognition*),每一届国际地理信息科学大会都涉及地理本体、空间认知主题。

美国国家科学基金会成立了空间智能和学习中心(Spatial Intelligence and Learning Center, SILC),旨在加强认知科学、哲学、人工智能、语言学等多学科的交流,发展与空间学习相关的科学、技术、工程用于智能认知、智能教育等[43]。美国计算社区联盟 2012 年发布了白皮书 *From GPS and virtual globes to spatial computing* - 2020: *The next transformative technology*,指出地理空间认知是空间计算的前提,通过认知提高空间计算服务的可用性,缩小局部计算与全局计算的差距[44,45]。德国不来梅空间认知中心(Bremen Spatial Cognition Center, BSCC)长期研究真实与抽象空间环境信息的获取、组织、使用、修正等[46]。

地理空间认知研究方向主要集中在以下几个方面。

1)地理空间知识获取与发展

人类通过感觉运动系统直接获取空间知识,通过静态和动态的符号媒体(地图和图像、三维模型、语言)间接获得空间知识。地理学家感兴趣的是不同媒体对获得知识的本质产生何种影响。随着时间的推移,学习与发展过程使空间知识不断发生变化,但大多数人最熟悉的空间场景最易获取空间知识,例如,Couclelis 等提出的锚点理论[47]。空间学习模型表明,空间知识发展经过三个阶段,首先是具有里程碑意义的知识,独特的功能或意见来确认一个地方;其次是路线的知识,基于连接排序地标的旅行行程;最后是调查知识。

2)地理空间知识结构与过程

认知地图是 Tolman 在 1948 年的一篇论文中引用内部表示的环境空间模型而产生的[48]。认知地图包括地标、线路连接、距离和方向关系,以及非空间属性与情感。然而,在许多方面,认知地图不像普通地图,并不是一个单一的综合表现。度量几何不能对空间知识进行很好的建模,如高中数学里的欧氏几何。存储在人脑中的空间知识会引导至特定失真方式,即人们解答空间问题的方法,例如,人们经常相信从 A 到 B 的距离与从 B 到 A 的距离不同,记忆中的方法经常被调整以便更接近直线或正确的方向。

3)导航和定向

人类在地球表面移动需要计划以及在移动中定向的能力,导航就是在空间中调整和指明方向,主要包括运动和寻路两部分。运动是指依据在变化环境中的可感知信息进行自我引导,包括确认支撑物的表面、避免障碍物、向可见的标志移动。

运动通常不需要对环境的认知地图。寻路是指计划和做决定以便移到当前不能立即感知到的地方,它包括选择最有效的路线、计算目的地次序、寻找非当地特征和解译移动方向。定位包括两个重要的过程,第一个过程是对外部特征或标志导航的认知,在某些情况下,可识别的标志是目标,然而更普遍的是标志导航,第二个过程是绝对推算,通过整合速度、方向、加速度来更新定位。人类也使用诸如地图之类的符号媒介来导航和确认方向,当地图没有方向标志时,容易发生最常见的混乱,大多数人解译方向偏离的地图会很慢而且特别容易出错[49],最让人苦恼的是公共场合放置的方向偏离的地图存在潜在的危险性。

4)地理空间语言

空间信息经常使用英语之类的自然语言进行语言交流,人们传达或接收语言路线信息,阅读故事中包含的空间描述以及通过语言查询与计算机系统交互越来越多。利用语言表达空间信息有两个显著的特征。第一个是语言主要表达了非定量或不精确(模糊的)的空间定量信息。关于连接和近似的位置表达比精确的表述更重要,例如,人们说在加油站向左转,而不是说向前走 0.6mile(1mile = 1.609344km)然后转 80°。第二个特点是交流语境的各个方面在解译空间语言方面非常重要。语境是根据谁在讲、在什么地方、环境中的物理特征和以前谈论的话题等知识来决定的。

5)个体和组的相似性与差异性

没有两个人知道完全相同的东西或从完全相同方式中得到的关于空间和位置的理由,有些人擅长诸如寻路、学习空间布局或阅读地图等任务。在某些情况下,可能有不同的方式思考问题,这些都是有效的。在这样的情况下,人们可能会说是空间认知上的风格差异而不是说能力差异。地理学家对测量和解释这些差异很有兴趣,传统的书面上的空间能力心理测试并不能很好地衡量这些差异[50]。一些因素如体型、年龄、教育、专业知识、性别、社会地位、语言、文化等可能有助于空间认知的变化。地理研究的首要目标是测量和记录这些因素可能具有共变关系的空间认知的方式。例如,女性和男性在空间能力和风格方面似乎有些不同,但是某些情况又并非如此[51]。除了描述这样的协同变化,地理学家区分内在原因的研究目标。例如,两性可能有不同的空间认知,部分原因是其社会角色为其提供了不同的旅行经验。然而,这种协同变化的原因一般相当难以确定,例如,不能随意地进行如年龄、性别、文化和活动偏好的随机实验。

6)地理空间认知模型

地理空间认知通过对地理事物进行感知、表象、记忆、思维、决策,逐步构造概念模型、数据模型、信息模型、知识模型、智能模型。在智能模型方面,英国曼彻斯特大学的 Madl 等提出了针对真实世界能力计算的认知模型,该模型运用贝叶斯机制来缩小人类认知与机器人认知之间的差异,解决传感器噪声、不确定性、空间复杂性等带来的认知问题[52,53];Hajibabai 等以火灾应急疏散为例,提出了基于地理空间认知与寻路策略的智能模拟与计算模型,多种模拟结果表明该模型能够在很短的时间内进行应急疏散[54];Raubal 基于地理本体与认知理论,提出了感知-规划-执行框架及感知寻址模型,该模型能够帮助寻址者确定往哪个方向前行,哪些是要避免的[55]。

可见,对地观测技术、计算机技术的发展将引出地理空间认知的新研究和思考,如何描述复杂的地理空间信息以促进理解和有效决策? 如何接触到新的地理信息技术改变人类对世界的感知和思考方式? 是否构建信息网络(Web)其他类型的理解方式? 然而,最引人注目的是虚拟现实与智能导航机器人的出现。

2.2.3　地理认知过程

地理认知过程主要包括地理感知、地理表象、地理记忆、地理思维、地理决策五个过程,对应于获取、处理、存储、解译、决策过程,蕴涵着地理数据-信息-知识-智能相互转换的机理。

1)地理感知

地理感知是地理知识获取的起点,既遵循感知组织的通用原则和模型,又有专属的信息加工原则和步骤[56]。

地理感知遵循格式塔心理学(Gestalt psychology)定义的原则,包括图形背景原则、接近原则、连续原则、相似性原则、闭合和完整倾向原则、共向性原则和简单原则等,这些原则已得到学界的普遍认同。对地理感知影响最大的两个模型是透镜模型与供给模型,透镜模型强调主观性,将个人描述为主动信息处理者,强调在当前感觉和过去经验的交互作用中建构感知;供给模型强调客观性,强调环境本身的作用和个体知觉反应的生物性,忽视观察者个人经验、知识的作用[56]。

地理感知信息加工原则是对象系统和位置系统的分离原则,即对象信息与位置信息在认知系统中分别感知、处理及记忆,对象系统处理用于空间物体辨识的各种信息,包括形状、颜色、纹理等[57];位置系统处理空间信息,判断物体在空间中的位置、大小和方向,并对各物体间的空间关系进行编码[58]。两者并不是完全分离的,能够以某种方式相互连接和交互[59]。

影响地理感知过程最大的理论是 Marr 的草图(sketch)模型,该理论模型的过程分为三个阶段:原始草图表达、2.5 维草图的表达、三维草图的表达。在此基础上,通过特征分析法或原型匹配法,物体成为类型化概念的实例而完成场景的感知过程[56]。

2）地理表象

地理表象（geographical mental imagery）用来表示在地理意向性理论指导下的地理形象思维所产生的各种象，既是地理思维活动的产物，又是地理思维得以进行的载体[60]。

相关理论包括类命题理论（analog-propositional theory）、准图片理论（quasi-pictorial theory）、结构描述理论（structural description theory）。类命题理论：表象是一种模拟物理和知觉事件的一般思维过程，这种模拟是根据事件展开的有关知识进行的。其作为服务于思维的抽象概念结构，对场景的描述不是类似图片，而是类似于命题的符号结构系统[61]。准图片理论：表象是活动记忆中的空间表征，其由长时记忆中编码和存储的知觉和概念信息构建。表象内部结构和产生机制与视知觉类似，具有大小、方位和位置等空间特性，是类图片形式的二维表面矩阵[62]。结构描述理论：对准图片理论的修订，在结构描述模式中不存在矩阵及其基元，表象中包含景物形态的结构描述信息。基元表示景物形态分层分解后的各个部分，各部分间关系由图（包含树、链、表等）形象地表示[56]。

地理表象在现实世界和地理概念计算模型间起桥梁的作用，分为四种基本类型：地理区域、综合体、地理景观和区域地理系统[60]。地理区域是地理学家为研究地理环境所产生的"一个知识概念，供思考的实体"，其可以表示任意大小的地区，具有相对均质性，是根据区域内部某种地理过程的发生来对属性指标组合化后的单元形式进行组织而产生的。综合体是指由若干个相互作用的成分组成的地理实体，没有有效的方法计算出某一面上物质和能量的流动量，因此在地理实践中有关综合体的确定比较困难。地理景观指在某个发生上一致的区域，若干地理现象的某种组合关系的节律性典型重复，可以包含若干个最小空间功能单元体。区域地理系统是对地理区域进行系统研究所建立的系统，它以地理景观为结构组件，按照地理事件发生的过程来构造系统模型[56]。

3）地理记忆

地理记忆本身包括三个基本过程：编码、存储和提取。编码是核心，地理知识的编码方法主要存在三个理论：表象理论（imagery）、概念命题理论（conceptual proposition）、双重编码理论（dual coding theory）。表象理论主要使用形象思维，核心内容是图片的隐喻，环境的视觉信息经过大脑加工，以图解的形式进行简化和有序编码与存储，并存在一定的扭曲[63]。概念命题理论主要使用逻辑思维，认为所有视觉信息和言语信息都以概念命题的形式进行存储，其强调视觉信息被输入后，必须处理为概念命题的形式才能进行存储[64]。双重编码理论认为表象和命题形式的编码共存，其相互分离，并行运转，同时互相联系。

地理知识类型主要存在两种不同的划分方法。①划分为地标（landmark）知识、路线(route)知识和测量(survey)知识。②划分为过程性(procedural)知识和陈述性(declarative)知识[65]。过程性知识表示在地理空间中如何行动,路线知识即典型的过程性知识,一般采用概念命题形式的编码。陈述性知识表达地理空间的布局,测量知识和地标知识属于陈述性知识,采用双重编码[56]。

4)地理思维

地理思维实现了从现象到本质的转化。核心的推理方法主要包括定性推理和定量推理,定性推理主要包括空间关系推理和分层空间推理。

定量推理的方法和表象编码的结构一致,而定性推理的方法与命题编码的结构一致[66]。定量推理基于绝对空间的观点,将空间作为容器,建模为坐标空间,如欧氏几何空间。空间实体以坐标几何的方法进行绝对定位,实体间空间关系隐含表达,显式表达需要基于坐标的数值计算和推理。定性推理基于相对空间的观点,认为空间是由实体间空间关系构成的,实体通过与其他实体间空间关系进行相对定位,实体间空间关系是表达和推理的主要内容[67]。两者相比,定量方法有物理和数学基础,便于计算表达和实施;定性方法则更符合人的常识性地理认知,与人概念化和以自然语言表达空间信息的方式一致[68]。

5)地理决策

地理决策是将地理思维得到的本质知识依次转换为基础意识生成能力、情感生成能力、理智生成能力和综合决策能力,并把策略转换成行为。详见2.3.2小节。

2.2.4　地理认知模型

地理认知通过对地理事物进行感知、表象、记忆、思维、决策,逐步构造概念模型、数据模型、信息模型、知识模型、智能模型,并逐步实现现实世界、本体世界、认知世界、智慧世界的转变(见图2-7)。

1)概念模型

概念模型是地理空间中地理事物与现象的抽象概念集,通过对空间事物或现象进行选择、综合、简化与抽象而形成。构造概念模型应该遵循的基本原则是:语义表达能力强;作为用户与 GIS 软件之间交流的形式化语言,应易于用户理解(如ER 模型);独立于具体计算机实现;尽量与系统的逻辑模型保持统一的表达形式,不需要任何转换,或者容易向数据模型转换。概念模型主要包括对象模型、网络模型、场模型。

2)数据模型

在概念模型的基础上,通过编码、表达、组织形成数据模型,数据模型包括逻辑数据模型与物理数据模型。逻辑数据模型是 GIS 描述概念数据模型中实体及其关系的逻辑结构,该模型的建立既要考虑易于用户理解,又要考虑易于物理实现,易

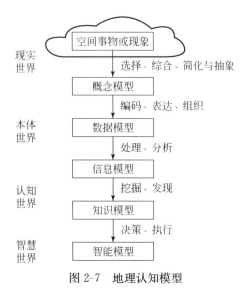

图 2-7　地理认知模型

于转换成物理数据模型。针对对象模型和场模型两类概念模型,一般采用矢量数据模型、栅格数据模型、矢量-栅格一体化数据模型、镶嵌数据模型、面向对象数据模型等逻辑模型来进行空间实体及其关系的逻辑表达。物理数据模型是概念数据模型在计算机内部具体的存储形式和操作机制,即在物理磁盘上如何存放和存取。在逻辑数据模型和物理数据模型之间,空间数据结构用于对逻辑数据模型描述的数据进行合理的组织,是逻辑数据模型映射为物理数据模型的中间媒介。

3)信息模型

在数据模型的基础上,通过处理、分析形成信息模型,描述了一个地理事物与其他地理事物的关系,形成具有一定含义、逻辑关系、对决策有价值的信息流。从人工智能角度看,信息包括语法信息、语义信息、语用信息。语法信息是最基本的层次,语用信息则是最复杂和最实用的层次,语义信息介于两者之间。

4)知识模型

通过人的参与对信息进行归纳、演绎、比较等手段进行挖掘,使其有价值的部分沉淀下来,并与已存在的人类知识体系相结合,这部分有价值的信息就转变成知识,可以分为本能知识、经验知识、规范知识、常识知识。

5)智能模型

智能模型是实现地理智能的最高模型,通过物理符号系统、人工神经网络、感知动作系统等将抽象的、理论性的智能策略转换为具体执行力的智能行为,是以知识为根基,加上个人的运用能力、综合判断、创造力及实践能力来创造价值。

概念模型、数据模型、信息模型、知识模型、智能模型的构建要能够表达地理系统的复杂结构以及人地关系,一般应具有:①层级性,使研究者可从不同侧面、不同层次上分析地理事物及现象;②扩展性,模型能容纳其他任何标准化的数据和数学模型;③能动性,模型应具有自适应和自更新能力,能深刻反映现实原型,并在某些时空特征上超越现实原型;④特征性,模型能反映地理事物及现象的因果关系、关联关系等;⑤通用性,模型具有一定的通用性,适应于不同层次、不同模式。

2.3　地理本体与地理认知的关系

地理本体与地理认知作为 GEOBIA 的理论基础。地理本体最根本,好比大树的根,地理认知最有用,好比大树的干。地理本体是一种客观存在,不以主体的存在与否而转移,无论有没有主体,或者无论是否被某种主体所感知,都丝毫不影响它的自我表述。地理本体的表述者是地理事物本身,地理认知的表述者是认识主体。地理本体信息是地理事物的状态及其变化方式的自我表述,也是地理事物内部结构与外部联系的状态及其变化方式的自我表述。地理认知信息是认识主体关于该地理事物的状态及其变化方式的表述。地理本体信息与地理认知信息可以相关转化,条件就是表述者的转换,如果引入认识主体这一条件,地理本体信息是最根本的信息,是一切信息的总根源,地理认知信息是最有用的信息,是地理本体信息经过认识主体的感知作用之后形成的信息。地理本体信息就转化为地理认知信息,地理认知信息可以升华为地理智能信息[42]。

地理本体到地理认知的转换主要包括地理本体信息到地理认知信息的转换和地理认知信息到地理智能信息的转换,也就是注意能力、基础意识能力、情感能力、理论谋略能力、综合决策能力和策略执行能力的生成机制理论。地理本体到地理认知的转换机制如图 2-8 所示。

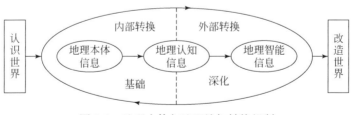

图 2-8　地理本体与地理认知转换机制

地理本体信息到地理认知信息是信息内部的转换,即外部刺激呈现的本体信息转换为认识主体的认知信息;地理认知信息到地理智能信息的转换是由地理认知信息到各种智能能力的转换,即把认知信息相继转换为基础意识、情感、理智、综合决策和策略执行。可以看出,地理本体信息到地理认知信息的转换原理是地理认知信息到地理智能信息的转换原理的基础和前提,地理认知信息到地理智能信息的转换原理是地理本体信息到地理认知信息的转换原理的深化和升华,二者相互联系、相互依存、相互补足、交辉相应,成为由认识世界(从外部世界获得信息和生成知识)到改造世界(利用知识制定策略和执行策略)这个智能过程的有机整体。正是凭借这个有机的整体,GEOBIA 智能系统才能够在目标引导下、在相关知识支持下,生成应对各种外部刺激的合理策略并把策略转换成行为,表现出与其知识水平相适应的智能能力。

2.3.1 地理本体信息到地理认知信息的转换

借鉴钟义信的高等人工智能理论,把仅考虑地理实体形式因素的信息成分称为语法信息,把仅考虑其中含义因素的信息成分称为语义信息,把仅考虑其中效用因素的信息成分称为语用信息。

地理实体时时刻刻都在进行着由地理本体信息到地理认知信息(全信息)的转换,它们自然而然地把外部事物所呈现的形象(地理本体信息)在头脑中进行了转换,产生出关于这些事物的内容(语义信息)以及这些形态和内容相对于自己目标的价值(语用信息)。转换原理模型见图 2-9。

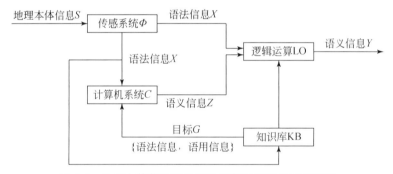

图 2-9 地理本体信息到地理认知信息转换的原理模型

模型表明,地理本体信息到地理认知信息的转换 $S \mapsto (X,Y,Z)$ 原理包含三个前后相继的步骤[42]。

步骤 1:由本体论信息 S 生成语法信息 X。

本体论信息 S 通过传感系统 Φ,可以把 S 转换为认识论信息的"语法信息 X"。在数学上,可以看做一种映射:$\Phi : S \mapsto X$

步骤 2:由语法信息 X 生成语用信息 Z。

对于人工智能系统,分如下两种情况处理。

①检索方法。

假设设计者事先在知识库内存储了系统目标信息 G 以及先验的语法信息与语用信息的对应关系集合 $\{X_k, Z_k\}$，其中，k 是集合元素的指标，它在指标集合 $(1, k)$ 内取值，k 是某个足够大的正整数，表示知识库系统积累的对应关系的规模。

用步骤 1 生成的语法信息 X 去访问上述知识库系统。如果此时输入的语法信息 X 与 $\{X_k, Z_k\}$ 中的某个语法信息 X_{k0} 实现了匹配（匹配的精度要求依具体的问题而定），那么，与 X_{k0} 相对应的那个语用信息 Z_{k0} 就被认定为此时输入语法信息 X 所对应的语用信息 Z。

②计算方法。

如果此时的语法信息 X 无法与知识库内 $\{X_k, Z_k\}$ 集合的任何 X_k 实现匹配，就说明与这个语法信息 X 相应的外部刺激 S 是一种新的刺激，因此，知识库内存储着与语法信息相关的语用信息，通过公式计算相关的语用信息

$$Z \propto \mathrm{Cor}(X, G)$$

式中，X 是输入语法信息矢量；G 是系统的目标矢量；Cor 是某种相关运算符。

通过计算获得了与 X 相应的语用信息 Z，就把这个新的语法信息与语用信息的对应关系补充存储到知识的集合 $\{X, Z\}$ 内，使知识库的内容得到增广。

步骤 3：由语法信息 X 和语用信息 Z 生成相应的语用信息 Y。

由于语义信息的抽象特点，在获得了语法信息 X 和语用信息 Z 之后，为了获得与之相应的语义信息，通常情况下，就应当通过抽象的逻辑演绎方法获取。最简单情况下，这个逻辑演绎算子就是"逻辑与"。

$$Y \propto \wedge (X, Z)$$

式中，符号 Y 代表语义信息；$\wedge$ 代表"逻辑与"运算符号；X 和 Z 分别代表与 Y 相应的语法信息和语用信息。

语法信息可以被感知，语用信息可以被体验，语义信息则只可以通过逻辑演绎（抽象思维）推知。语法信息—语用信息—语义信息体现了人类对信息认识由表及里的规律。

对于土地覆盖，语法信息—语用信息—语义信息的分析见表 2-5。

表 2-5　土地覆盖的语法信息、语用信息和语义信息

语法信息（形式、可感知）X	语用信息（功用、可体验）Z	语义信息（内容抽象）$Y \propto \wedge (X, Z)$
形状规则，纹理均匀、光滑，轮廓明显	种植作物，粮食生产最重要的物质基础，保护生态环境	耕地

续表

语法信息(形式、可感知)X	语用信息(功用、可体验)Z	语义信息(内容抽象) $Y \propto \wedge(X, Z)$
行列分布,形状规则,色彩、纹理粗糙、均一、颗粒状纹理	绿化美化环境、净化空气和水土保持,加工后可作为建筑材料和燃料,可观赏	林地
亮度偏暗,纹理粗糙,形状多为条片状,边界有溢出	种植草本植物,环境美化,生态保护,旅游服务	园地
亮度偏暗,纹理细腻、均匀,形状不规则,斑块状	畜牧,观赏,绿化美化环境、净化空气,防止土地沙化,涵养水土、水土保持	草地
亮度偏亮,形状规则,排列规整,走向一致,轮廓明显	居住、旅游文化	房屋建筑区
亮度偏亮,长条带状,纹理均匀、平滑,亮度明显	交通、运输	道路
亮度偏亮,形状不规则,纹理均匀、不光滑	防风固沙、土壤保育、固碳释氧、水资源调控、生物多样性保育、旅游文化	荒漠与裸露地表
亮度偏暗,形状不规则,纹理均匀、光滑,自然弯曲、长度远大于宽度	行洪排涝,水量调蓄,航运交通,环境美化,生态保护,资源利用,灌溉引水,旅游文化	水域

2.3.2　地理认知信息到地理智能信息的转换

将钟义信的高等人工智能理论中的第二类转换用到地理信息科学中,地理认知信息到地理智能信息的转换是在不同类型的知识支持下,把地理认知信息依次转换为基础意识生成能力、情感生成能力、理智生成能力和综合决策能力,并把策略转换成行为。转换模型如图 2-10 所示。

地理本体信息到地理认知信息的转换是前提,能够生成包含语法信息、语义信息、语用信息的地理认知信息。地理知识是智能化发展的基础,可以分为本能知识、经验知识、规范知识、常识知识。本能知识也称本体知识,是地理实体固有的,也是最原始最基础的形态;经验知识是后天学习实践的结果,必须不断修改、更新与完善;规范知识是经验知识经过科学验证和规范化的科学知识;常识知识是后天习得的大家公认而且无须证明的知识。

地理认知信息到地理智能信息的转换包含基础意识生成、情感生成、理智生成、策略执行四个步骤。这四种转换原理不是互相独立的原理,而是一个和谐的有机体系。这种和谐有机关系的形成既有赖于自下而上的报告程序,也有赖于自上而下的巡查程序,或者更确切地说是依赖于自下而上的报告与自上而下的巡查相结合的工作程序[42]。

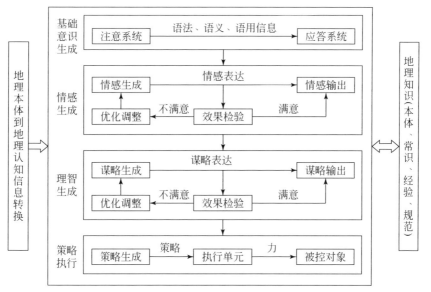

图 2-10　地理认知信息到地理智能信息转换的原理模型

1)基础意识生成

采用启动-展开-完成的模式,在系统目标导控和在本体知识与常识知识支持下实现由地理认知信息到基础意识反应能力的转换,即信息转换——由信息触发而启动、由知识支撑而展开、由目标导控而完成。如果注意系统发现地理认知信息所反映的外来刺激与本系统目标高度相关,就把这个地理认知信息转送到下一个环节——应答系统;否则就予以抑制和过滤。到达应答系统的地理认知信息,在记忆系统支持下接受理解并在此基础上产生外部刺激的反应,与此同时,地理认知信息将继续向前馈送,供后续处理用。

2)情感生成

在地理认知信息的触发下启动、在系统的本体知识-常识知识-经验知识的联合支持下展开、在基于系统目标的价值准则导控下完成信息-情感转换。如果面临的客观事物是本来熟悉的事物,情感生成模块就按照原有的经验知识生成熟悉的情感类型。如果面临的客观事物是以前未经历的新事物,就不可能在知识库内找到可以匹配的经验知识,而是需要在输入认知信息、系统目标和相关知识三者的联合支持下生成新的情感类型作为反映。在这种情况下,新的情感类型要通过实践检验判断是否符合系统目标所确立的价值准则。如果检验结果满意或基本满意,该新的情感类型就可以在记忆系统中保存下来,而产生这种新情感类型的规则就作为新的经验知识加入原有的经验知识集合,使原有的经验知识集合得到扩展。相反,就要通过某种适当的调整来建立新的经验知识,使后者可以支持新的、更合适的情感类型的生成。

3）理智生成

在认知信息的触发下启动、在系统内部知识（本体知识、常识知识、经验知识、规范知识）的支持下展开、在系统目标的导控下完成信息-理智转换，转换的结果生成了理智谋略。

谋略生成的情况比情感生成的情况复杂得多，在情感生成场合，由于系统情感与系统目标直接相关，只要外来刺激和系统目标不发生变化，系统生成的情感也不会改变；因为系统情感只有很少几种类型，所以，支持情感生成的知识就可以直接表示为若（外来刺激的语义信息），则（系统情感类型）的形式。只要代表外来刺激的语义信息能与系统某个知识的条件项实现匹配，就可以产生系统的某类情感。但在理智谋略生成的场合，情形就有很大不同。一方面，虽然系统谋略也与系统目标直接相关，但是，系统谋略与系统目标的关系比较复杂：在相同系统目标的前提下，系统可以有多种不同谋略的选择，而不是像情感只有一种选择。另一方面，在比较复杂的刺激下，系统谋略要包括若干个步骤才能实现系统目标，而不是像情感那样一步到位，因此，需要把系统目标分解为若干个相互衔接的子目标。

此外，如果系统面对某种全新的外部刺激，原则上可以像情感生成那样要么采用随机实验的方法，要么采用演绎推理的方法，或者采用介于这两种极端方法之间的各种启发式搜索的方法。但是，不管采用哪种方法，所生成的新的理智谋略都仍然需要经受必要的检验。检验的标准就是这个理智谋略是否有利于实现系统设定的目标。

4）策略执行

策略执行的原理就是抽象的理论性的智能策略转换为具体执行力的智能行为的原理。与智能生成的机制不同，智能策略的执行所需要的转换是信息-（行为）力的转换。在这种转换中，需要把策略信息表示为恰当的形式，而且要使策略信息保持成为一个不变量，关键在于感觉策略行为的形式性质找到合适的载机机构，使得策略信息能够转换为与之相应的行为力。

策略信息由策略生成（综合决策）单元给出，它指出了被控对象的运动状态和方式应当进行怎样的改变，而真正实施改变被控对象运动状态方式的力，则是执行单位根据策略信息产生的。图 2-10 中执行单元的功能就是把策略信息转换为力。在执行单元中所发生的策略信息转化为力的过程只是把策略信息载体的状态及其变化方式转换为相应的力的载体的过程；控制过程则是策略信息载体的状态/方式转换为被控对象的状态/方式的过程。在这个转换过程中，信息本身并没有发生改变（如果发生改变，控制就会失真），改变的只是它的载体的物质和能量形式。

2.4　地　理　知　识

地理知识是 GEOBIA 智能化发展的知识基础,是由地理信息通向地理智能不可或缺的中介与桥梁,是地理智能策略生成的直接基础,研究地理知识相关问题有助于揭示地理知识内部与外部的生态规律,建立地理信息、知识、智能之间的关联,推动 GEOBIA 的智能化发展。

2.4.1　地理知识的表示

地理知识的表示方法主要有逻辑、产生式规则、框架结构、语义网和本体等。下面分别介绍几常见的知识表示方法(见表 2-6)。

表 2-6　知识表示方法比较[69]

方法 ＼ 特征	逻辑	产生式规则	框架结构	语义网	本体	面向对象	XML
自然性	很好	很好	很好	很好	很好	很好	很好
知识表示	逻辑公式	规则	框架	网络图	本体	对象	对象
可描述的类型	陈述型	规则型、控制型	陈述型、规则型、控制型	陈述型	兼有	兼有	兼有
可描述范围	好	好	粗糙	好	好	好	好
针对用户	初学者	初学者	专家	初学者	专家	初学者	专家
模块性	好	好	一般	差	很好	很好	好
操作维护方便	较差	差	差	一般	很好	很好	好
推理能力	一般	好	差	一般	好	好	一般
整个逻辑易于理解	需要简要说明	易于理解	易于理解	易于理解	相对难理解	易于理解	易于理解
编码容易显示	容易	容易	容易	容易	较复杂	容易	容易
空间高效性	涉及数据库的选择和设计,也涉及知识、元知识在实际过程中的应用情况,需要根据具体案例分析						
算法可优化	根据具体应用的要求选择最合适的算法和处理方式						

1)产生式规则表示

产生式规则表示法是目前专家系统方面应用最多的一种知识表示模式。产生式的基本形式是 $P \rightarrow Q$,其中,P 是产生式的前提,也称为前件,给出了该产生式是否使用的先决条件;Q 是一组结论或操作,也称作产生式的后件,它指出当前提 P 满足时,应该推出的结论或应该执行的动作。

规则表示方法主要用于描述知识和陈述各种过程知识之间的控制及其相互作用的机制。产生式规则表示系统由知识库和推理机两部分组成,其中知识库又由规则库和数据库组成。规则库是产生式规则的集合,数据库是事实的集合。规则是以产生式表示,规则库是专家系统的核心,规则可表示成与或树形式。产生式规则表示系统的推理方式包括正向推理、方向推理和双向推理。

2)框架结构表示

框架是把某一特殊事件或对象的所有知识储存在一起的一种复杂的数据结构[70]。其主体是固定的,表示某个固定的概念、对象或事件,其下层由一些槽组成,表示主体每个方面的属性。框架是一种层次的数据结构,框架下层的槽可以看成一种子框架,子框架本身还可以进一步分层,形成侧面。槽和侧面所具有的属性值分别称为槽值和侧面值。槽值可以是逻辑型或数字型的,具体的值可以是程序、条件、默认值或是一个子框架。相互关联的框架连接起来组成框架系统或框架网络。

基于框架的知识表示方法由框架、正面、侧面及价值四部分组成,并以实体为中心进行描述。每个实体具有一个框架,语义则突出体现实体之间的关系。在专家知识的表示中,实体包含的信息量较大,实体之间的关系复杂,其各种信息组成了不同的知识层次。最底层是实体的图形/图像数据,最高层是关于实体的性质、状态及其相互关系的抽象描述。针对上述特点,利用框架结构的表示形式可以完整描述各种实体单元。实体单元之间可按实体类别分类并以指针连接,从而形成实体的框架网络结构。框架逻辑结构由一组表示实体各侧面的值组成。

3)语义网络表示

语义网络是知识表示中最重要的方法之一,是一种采用网络形式、表达能力强而且灵活的知识表示方法。它通过概念及其语义关系来表达知识的一种网络图。从图论的观点看,它是一个带标识的有向图。语义网络利用节点和带标记的边构成的有向图描述事件、概念、状况、动作及客体之间的关系。带标记的有向图能十分自然地描述客体之间的关系。在语义网络知识中,节点一般划分为实例节点和类节点两种类型。节点之间带有标识的有向弧标识节点之间的语义联系,是语义网络组织知识的关键。

相对于产生式规则,语义网则能够表达更加复杂的概念及其之间的相互关系,形成一个由节点和弧组成的语义网络描述图。在语义网络图中,节点表示事物,节点间以有向弧连接,而弧上的标签则表示节点间的关系,带标签的有向弧也称为关系弧。表示关系的标签中主要有两类:其一是 is-a 关系,它表示 A 概念是 B 概念的一个实例;其二是 ako 关系,它表示 A 概念是 B 概念的一个子类。

4)本体表示

本体是一个形式化的、共享的、明确化的、概念化规范。本体论能够以一种显式、形式化的方式来表示语义,提高异构系统之间的互操作性,促进知识共享。因此,最近几年,本体论被广泛用于知识表示领域。用本体来表示知识的目的是统一应用领域的概念,并构建本体层级体系表示概念之间的语义关系,实现人类、计算机对知识的共享和重用。五个基本的建模元语是本体层级体系的基本组成部分,这些元语分别为类、关系、函数、公理和实例。

将本体引入知识库的知识建模,建立领域本体知识库,可以用概念对知识进行表示,同时揭示这些知识之间内在的关系。领域本体知识库中的知识,不仅通过纵向类属分类,而且通过本体的语义关联进行组织和关联,推理机再利用这些知识进行推理,从而提高检索的查全率和查准率[70]。

2.4.2　地理信息-知识-智能转换模型

地理信息可以转换为地理知识,进而升华为地理智能。从人工智能角度看,地理本体信息是最根本的地理信息,是一切地理信息概念的总根源,地理认知信息是最有用的地理信息,是地理本体信息经过认识主体的感知作用之后形成的信息。地理本体信息是地理实体的运动状态及其变化方式的自我表述,地理认知信息是认识主体关于该地理实体运动状态及其变化方式的表述。

地理知识是认识主体关于地理实体运动状态及其变化规律的表述,是由地理信息加工出来的反映地理实体本质及其运动规律的抽象产物,属于地理认知的范畴,而不属于地理本体的范畴。地理信息是现象,而地理知识是本质,通过归纳与演绎方法可以获取地理知识。

地理智能类似于人工智能,面对给定的问题-知识-目标,能够获取相关的信息,从中提取相应的专门知识,在目标引导下利用这些信息和知识制定求解问题的策略,并运用策略解决问题达到目标。

地理信息-知识-智能的转换机理是:面对给定问题或者环境,通过遥感系统获得遥感数据,通过传输系统进行信息传递,通过预处理系统进行信息处理,通过高级处理系统进行知识生成,通过智能系统进行智能策略的生成与执行,最终做出智能行为,从而作用于给定的问题或者环境,该转换模型是个不断循环的过程(见图2-11)。

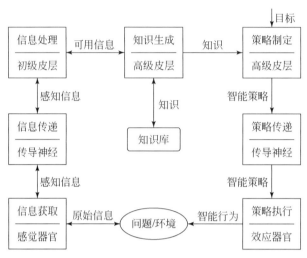

图 2-11 地理信息-知识-智能转换模型

2.4.3 地理知识的生态系统

随着人类活动不断向深度和广度前进,地理知识总量一直在不断地增长,这是一个有起点而没有终点也没有边界的过程。地理知识生态系统表现为两个基本方面,即地理知识的内部生态系统和外部生态系统,了解地理知识的生态规律有助于深刻理解地理知识本身的发生发展规律,而且可以更加透彻地了解信息、知识、智能之间的内在本质联系。

1. 地理知识的内部生态系统

地理知识的内部生态过程为:在地理认知信息的激励下,在地理本体知识的支持下,后天学习积累的知识不断由欠成熟的经验性知识到成熟的规范性知识,再到过成熟的常识性知识,这就是生生不息的知识生长过程[42](见图 2-12)。

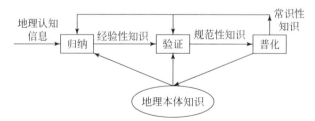

图 2-12 地理知识的内部生态过程

2. 地理知识的外部生态系统

地理知识的外部生态过程为:地理知识是由地理本体信息、地理认知信息通过一定的归纳型学习算法而生长出来的,与此同时,知识又在目的(更具体地说是目标)的引导下通过一定的演绎型学习算法而生长出智能策略(见图 2-13)。该过程为信息-知识-智能策略转换过程,其中,归纳型学习算法采用的是数据挖掘与知识发现,主要包括预测方法、分类方法、聚类方法、时间序列方法、决策树方法、关联规则挖掘方法,属于统计型方法。演绎型学习算法采用的是知识工程,知识工程的直接目的是满足专家系统设计的需要而研究各种知识的表示方法(主要是数理逻辑方法、状态空间法、状态图方法、语义网络方法、产生式系统方法、框架表示方法、戏剧交本法等)和各种知识的推理方法(主要是基于数理逻辑的推理方法以及各种搜索方法)[42]。

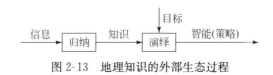

图 2-13　地理知识的外部生态过程

2.5　地 理 尺 度

地理认知学者指出地理尺度对于区分地理对象与地理环境尤为重要,它是GEOBIA 多尺度分割的基础理论。影像分析的不同主题都有其特定的地理尺度,每一个主题都需要分割所生成的影像对象用最恰当的尺度来描述与传递影像的最佳信息,因此在影像分析中总是希望在适宜的尺度上进行,因此尺度转换与最优尺度选择尤为重要。

2.5.1　尺度

广义地讲,尺度是指在研究某一物体或现象时所采用的空间或时间单位,同时又可以指某一现象或过程在空间和时间上所涉及的范围和发生的频率。前者是从研究者的角度来定义尺度,后者则是根据所研究的过程或现象的特征来定义尺度。简单地说,尺度就是客体在其容器中规模相对大小的描述[71~76]。

在不同的学科领域,尺度的表达或含义也不同。在测绘学、地图制图学和地理学中通常把尺度表述为比例尺,即地图上的距离与其所表达的实际距离的比率;在GIS 中,比例尺的概念发生了一定的变化,它使多比例尺表达成为可能,空间数据库可以包含很多种不同比例尺的地图,这时的比例尺应为地理比例尺或空间比例尺,它反映的是一种空间抽象(或详细)的程度,同时隐含着传统意义上的距离比率的含义,即反映空间数据库的数据精度和质量,数字环境下的比例尺用空间分辨率来代替则更准确。在遥感科学技术中,尺度一般与分辨率相对应;在生态学、环境学、气候/气象学、土壤学中,大尺度(large/macro scale)或粗尺度(coarse scale)指大的空间范围或长时间幅度,一般对应于小比例尺、低分辨率。小尺度(small scale)或细尺度(fine scale)一般指小的空间范围或短时间幅度,往往对应于大比例尺、高分辨率[77]。

尺度主要包括以下特征[78]。①多维性与二重性。广义上,尺度有多种维度,如功能尺度、时空尺度等,这对于分析和描述不同性质的问题是必要的。但是,尺度的空间和时间两个维度在研究实践中更受重视,因而主要表现为时空二重性特征。②层次复杂性。尺度层次复杂性是地表自然界等级组织和复杂性的反映。地表自然界的发展演化是一个系统性的复杂过程。因而在研究中也应该构筑相应的尺度体系。③变异性。研究对象在不同尺度上会表现出不同的特征(见图2-14),正是这种变异性增加了跨尺度预测的难度。不同尺度的现象和过程之间相互作用、相互影响,表现出复杂性特征。大尺度上发生的许多现象和过程,根源是小尺度的变化;同样,大尺度上的改变也会反过来影响小尺度上的现象和过程。

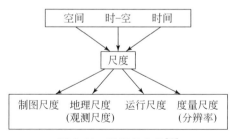

图 2-14　尺度的含义[79]

2.5.2　地理尺度

地理空间的本质特性,包括拓扑关系、部分-整体关系、尺度依赖性、层次理论的适用性等。国内的鲁学军等最早应用层次理论建立有关地理空间结构与功能表达模式,其大、中、基本尺度的空间等级序列,如表2-7所示[80,81]。该体系能够反映地球表层在不同尺度上的空间结构组成、地理现象及它们之间的相互转换关系,使地学分析结果在纵向上具有不变性,而在横向上具有可比性,为有关地理科学计算的进一步研究奠定了基础[81,82],被广泛应用于地球科学[83]、景观生态[84]等研究中。

表 2-7　地理空间尺度结构

对比项 地理空间尺度-结构	地理尺度	结构组成	分析特点	地理规律
大尺度的地带性结构	几百平方公里以上；几百年以上	温度带 自然地区 自然地带 自然区	不同区域之间的不同要素类型的划分与组合	地带与非地带性规律
中尺度的区域地理系统结构	几十平方公里到几百平方公里；几十年到几百年	景观类型组合单元 景观类型单元	某区域内部不同景观类型单元各自组成要素类型之间的相互关系	地理现象的表现形式及其变化过程的动力学机制
基本尺度的地理景观单元结构	几平方公里到几十平方公里；几年到几十年	景观单元 基本功能单元 简单要素属性单元	某景观单元内部各基本功能单元的要素组成及其要素关系	地理现象的内在成因及其发生机理

　　在不同尺度下、不同类型空间单元的划分基础上,建立一种具有尺度单元结构性质的区域地理系统模型,即区域地理系统单元等级圆锥,如图 2-15 所示。该圆

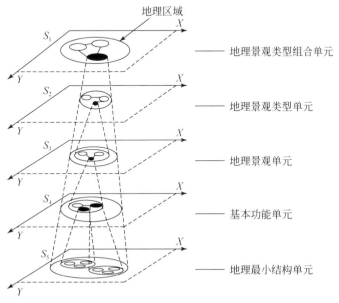

图 2-15　区域地理系统单元等级圆锥

锥包括有关区域地理系统研究的从地理最小结构单元到地理景观类型组合单元之间的全部功能性单元结构[82]。

2.5.3 尺度转换

影像包含的内容是由不同大小的目标实体所组成的,实体的格局与过程的性质受制于相应的尺度,每一尺度上都有约束体系和临界值。不同的空间尺度具有不同的应用模型,用一个尺度的信息去分析另一尺度上实体发展的过程是不合适的。因此只要涉及信息的空间分析,就必须在空间上进行尺度转换。

1. 尺度转换研究

尺度转换是指把某一尺度上所获得的信息和知识扩展到其他尺度上,可理解为通过多尺度的研究而探讨地理实体结构和功能跨尺度特征的过程,也称为跨尺度信息转换[72]。尺度转换包括两种类型:尺度上推(scaling-up)与尺度下推(scaling-down)(见图2-16)。尺度上推是将小尺度上的信息推绎到大尺度的过程,而尺度下推是将大尺度上的信息推绎到小尺度的过程。经典等级理论认为,尺度转换必然要超过这些约束体系和临界值,转换后所获得的结果将很难理解。但是,在不同尺度的系统之间存在着物质、能量和信息的交换与联系,正是这种联系为尺度转换提供了客观依据。由于遥感图像中地物目标的复杂性,尺度转换往往采用数学模型和计算机模拟作为其重要工具。在同一尺度域中,由于过程的相似性,尺度转换容易,模型简单适宜,预测的准确性高;而跨越多个尺度域时,由于不同过程在不同尺度上起作用,尺度转换则必然复杂化。

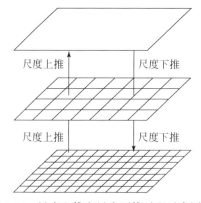

图2-16 尺度上推和尺度下推过程示意图[85]

常见的尺度转换方法有图示法、回归分析、变异函数分析、自相关分析、谱分析和小波变换等。每一种尺度转换方法都有其内在的优势和不足,在实际应用中应充分考虑,视具体问题的特点选择适宜的模型和方法。

从尺度转换的原理来区分,遥感影像分析中尺度转换方法有两种类型:基于统计的方法和基于地学机理的方法。基于统计的方法不需要对遥感信息的物理机理有明确了解,可以用于在某些遥感信息机理不十分明确情况下的遥感信息尺度转换。常用的基于统计的尺度转换方法有简单聚合法、直接外推法、期望值外推法、显式积分法与云梯尺度转换法[86]。前四种方法主要针对相邻尺度域间的信息转换而言的,若考虑跨几个尺度域的信息推绎,云梯尺度转换策略是比较理想的[87]。

2. 最优尺度选择

由于遥感信息普遍存在尺度效应,对于特定的应用目标,总是希望找到一个合适分辨率的遥感信息来反映特定尺度上研究目标的空间分布结构特征。合适空间分辨率有时被称为最优空间分辨率。最优分辨率是所研究地理实体的尺度或集聚水平特征的空间采样单元[88]。每一地理实体都有其固有的空间属性,观测其模式和过程时,应当选择最优的观测尺度。尺度选择关系到尺度研究中的实验设计和信息收集,是研究的起点和基础。尺度选择的不同,会导致对地表空间格局和过程及其相互作用规律不同程度的把握,最终会影响到研究成果的科学性和实用性。

最优尺度选择方面已进行了基于生产实践的多方面研究,至今最优尺度选择有两种经典的方法:局部方差法与变异函数法。

Woodcock 等提出了一种用遥感影像平均局部方差(local variance)确定最优分辨率的方法。此方法首先计算不同分辨率影像的平均局部方差,然后比较平均局部方差随空间分辨率的变化,局部方差达到最大时的分辨率被认为是最优的空间分辨率[89]。Hyppanen 将此方法用于森林景观研究中最优空间分辨率的确定。局部方差方法的局限性之一是将影像从高分辨率逐步扩展到低分辨率并计算各分辨率的平均局部方差时存在的边界效应,影响局部方差的计算值[90]。

Atkinson 等通过计算不同分辨率影像的变异函数(variogram,也称半方差)来确定最优分辨率[91]。该方法首先计算最小分辨率影像的实验变异(experimental variogram)函数,并用理论变异函数模型拟合,通过去正则化处理过程,从一定大小像元上的实验变异函数得到点的变异函数,再通过正则化过程从点的变异函数得到任意尺度上的变异函数,变异函数值达到最大时对应的空间分辨率即为最优空间分辨率。基于类似的计算过程,Gertner 等以不同分辨率变异函数的块金方差(nugget variance)和基台方差(sill variance)的比作为确定最优分辨率的指标[92]。随着像元的增大,当块金方差和基台方差的比变得稳定时,意味着测量误差的方差相对于结构方差达到最小,此时的影像分辨率被认为是最优的空间分辨率。

最优尺度是相对的,某一变量的最优尺度对于另一个变量可能不是最优的。只有当影像数据满足一种特定的应用目标时才存在最优尺度,离开具体目标的应用,就不存在最优尺度。由于数据的尺度属性不可能从数值上连续变化,且在实践中也没有这种需要,最优本身并没有严格的标准,因此最优尺度只能是一个数值范围。

针对多尺度分割问题,采用不同的尺度值将生成不同尺度的影像对象层,使具有固定分辨率的影像数据可由不同尺度的数据结构组成,从而构建了一个与地理实体相似的层次等级结构,实现了原始像元信息在不同空间尺度间的传递,以适应特定的应用需要,尺度等级关系如图 2-17 所示。

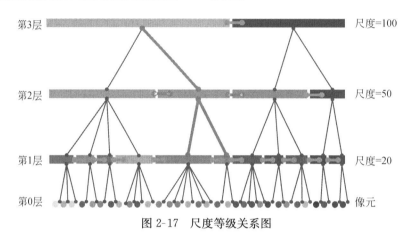

图 2-17　尺度等级关系图

在进行多尺度影像分割之前,必须充分考虑以下几个要求。

(1)分割过程应该生成高度同质的分割区域,分割后的小区域具有最优的可分离性与代表性。

(2)几乎所有的影像对象属性如色调、纹理、形状与邻域关联度或多或少与尺度有一定的依赖关系,类似尺度的影像空间结构在特征上有可比性。

(3)由于影像分析问题与给定尺度遥感数据的空间结构有关系,分割后对象的平均大小必须与感兴趣的尺度大小相适宜。

(4)分割过程应该具有普遍性,能适用于多种不同类型的数据和问题。

(5)分割成果应该具有再生性等[93]。

2.6　小　　结

GEOBIA 发展至今,较多注重方法与技术,未能深入关注 GEOBIA 的理论。随着 GEOBIA 技术的发展,需要在地理信息科学的基础上,吸纳人工智能理论,建立 GEOBIA 理论基础,推动 GEOBIA 的智能化发展。本章阐述了本体及地理本体的概念、分类、研究意义、国内外研究现状,介绍了地理本体表示语言、构建方法、构建工具及推理机。阐述了认知及地理认知的概念、研究意义及国内外研究现状，描述了地理认知过程与模型。论述了地理本体与地理认知的关系，主要是地理本体信息到地理认知信息的转换模型，地理认知信息到地理智能信息的转换机制。介绍了地理知识的表示方法，地理信息-知识-智能转换模型，揭示了地理知识的生态系统。介绍了尺度与地理尺度，以及尺度转换方法。GEOBIA 理论还有许多重要的问题需要进一步深化，需要更多的学者去探索与发现。

参 考 文 献

[1] Neches R, Fikes R, Finin T, et al. Enabling technology for knowledge sharing. AI Magazine, 1991, 12(3):36—56.

[2] Gruber T R. A translation approach to portable ontology specifications. Knowledge Acquisition, 1993, 5(2):199—220.

[3] Borst W N. Construction of engineering ontologies for knowledge sharing and reuse[PhD Thesis]. Enschede: University of Twente, 1997.

[4] Studer R, Benjamins V R, Fensel D. Knowledge engineering: Principles and methods. Data & Knowledge Engineering, 1998, 25(1/2):161—197.

[5] Devedži C V. A survey of modern knowledge modeling techniques. Expert Systems with Applications, 1999, 17(17):275—294.

[6] Guarino N. Semantic matching: Formal ontological distinctions for information organization, extraction, and integration//Pazienza M T. Information Extraction: A Multidisciplinary Approach to an Emerging Information Technology. Berlin: Springer Verlag, 1997:139—170.

[7] Guarino N. Understanding, building, and using ontologies. International Journal of Human and Computer Studies, 1997, 46(2):293—310.

[8] 崔巍. 用本体实现地理信息系统语义集成和互操作[博士学位论文]. 武汉: 武汉大学, 2004.

[9] 黄茂军. 地理本体的形式化表达机制及其在地图服务中的应用研究[博士学位论文]. 武汉: 武汉大学, 2005.

[10] 吴孟泉. 基于本体驱动多源异构时空数据的农业地理信息分类与查询研究[博士学位论文]. 北京: 中国科学院遥感应用研究所, 2007.

[11] 陈建军, 周成虎, 王敬贵. 地理本体的研究进展与分析. 地学前缘, 2006, 13(3):81—90.

[12] 张莹. 地理本体的研究——研究进展与应用. 测绘标准化, 2014, 30(2):24—27.

[13] 栗斌, 刘斌, 刘纪平, 等. 地理本体研究进展综述与展望. 测绘科学, 2015, 40(4):53—57.

[14] 景东升. 基于本体的地理空间信息语义表达和服务研究[博士学位论文]. 北京: 中国科学院研究生院遥感应用研究所, 2005.

[15] 龚健雅. 当代地理信息系统进展综述. 测绘与空间地理信息, 2004, 27(1):5—11.

[16] Comber A, Fisher P, Wadsworth R. What is land cover? Environment & Planning B Planning & Design, 2005, 32(2):199—209.

[17] Herold M, Schmullius C. Report on the harmonization of global regional land cover products

meeting. Global Observation of Forest and Land Cover Dynamics（GOFC- GOLD）ESA GOFC-GOLD Land Cover Implementation Team Profect Office, Rome, 2004.

[18] Reitsma F, Albrecht T J. Modeling with the semantic web in the geosciences. IEEE Intelligent Systems, 2005, 20(2):86—88.

[19] Buscaldi D, Rosso P, Sanchis E. A WordNet- based indexing technique for geographical information retrieval//Carol P, Paul C, Fredric C G, et al. Workshop of the Cross- Language Evaluation Forum. Berlin: Springer Verlag, 2006:954—957.

[20] Mark D, Smith B, Tversky B. Ontology and geographic objects: An empirical study of cognitive categorization//Freksa C, Mark D M. Spatial Information Theory: Cognitive and Computational Foundations of Geographic Information Science. Berlin: Springer Verlag, 1999:283—298.

[21] Wang X, Gu W, Ziebelin D, et al. An ontology- based framework for geospatial clustering. International Journal of Geographical Information Science, 2010, 24(11):1601—1630.

[22] Kuhn W. Ontologies in support of activities in geographical space. International Journal of Geographical Information Science, 2001, 15(7):613—631.

[23] 李霖, 王红, 朱海红, 等. 基于形式本体的地理概念语义分析方法//中国地理学会 2007 年学术年会, 北京, 2007.

[24] 黄茂军, 杜清运, 吴运超, 等. 地理本体及其应用初探. 地理与地理信息科学, 2004, 20(4): 1—5.

[25] Soonho K, Marta I, Virginie V. The FAO geopolitical ontology: A reference for country-based information. Journal of Agricultural & Food Information, 2013, 14(1):50—65.

[26] Wellen C C, Sieber R E. Toward an inclusive semantic interoperability: The case of cree hydrographic features. International Journal of Geographical Information Science, 2013, 27(1/2):168—191.

[27] 曹存根, 眭跃飞, 孙瑜, 等. 国家知识基础设施中的数学知识表示. 软件学报, 2006, 17(8): 1731—1742.

[28] 董振东, 董强, 郝长伶. 知网的理论发现. 中文信息学报, 2007, 21(4):3—9.

[29] Zhang C R, Zhao T, Li W D. The framework of a geospatial semantic web- based spatial decision support system for Digital Earth. International Journal of Digital Earth, 2010, 3(2): 111—134.

[30] Tomai E, Prastacos P, Kavouras M. A Framework for intensional and extensional integration of geographic ontologies. Transactions in Gis, 2007, 11(6):873—887.

[31] Delgado F, Finat J. An evaluation of ontology matching techniques on geospatial ontologies. International Journal of Geographical Information Science, 2013, 27(12):2279—2301.

[32] 杜云艳, 周成虎, 苏奋振. 海岸带及近海科学数据集成与共享研究. 北京:海洋出版社, 2006.

[33] 李军利, 何宗宜, 柯栋梁, 等. 一种描述逻辑的地理本体融合方法. 武汉大学学报:信息科学版, 2014, 39(3):317—321.

[34]Maedche A, Staab S. Ontology learning for the semantic Web. IEEE Intelligent Systems, Special Issue on Semantic Web,2001,16(2):72—79.

[35]Yue P,Gong J,Di L,et al. Integrating semantic web technologies and geospatial catalog services for geospatial information discovery and processing in cyberinfrastructure. Geoinformatica,2011,15(2): 273—303.

[36]刘纪平,栗斌,石丽红,等. 一种本体驱动的地理空间事件相关信息自动检索方法. 测绘学报,2011,40(4):502—508.

[37]段红伟,孟令奎,黄长青,等. 面向 SPARQL 查询的地理语义空间索引构建方法. 测绘学报,2014,43(2):193—199.

[38]黄勇奇,牛振国,崔伟宏. 基于地理本体和 SWRL 的时空推理研究. 武汉理工大学学报(交通科学与工程版),2009,33(6):1175—1178.

[39]黄勇奇. 基于地理本体和 SWRL 时空推理规则的农业地理信息时空查询研究[博士学位论文]. 北京:中国科学院遥感应用研究所,2008.

[40]王红,李霖,王振峰. 基于本体的基础地理信息分类层次研究. 地理信息世界,2005,3(5): 27—30.

[41]戴维民. 语义网信息组织技术与方法. 上海:学林出版社,2008.

[42]钟义信. 高等人工智能原理——观念·方法·模型·理论. 北京:科学出版社,2014.

[43]National Science Foundation. Spatial intelligence and learning center. http://www. spatiall-earning. org[2016-7-13].

[44]Shekhar S,Feiners,Aref W G. From GPS and Virtual globes to spatial computing-2020:The next transformative technology. Geoinformatica,2015,19(4):799—832.

[45]Shekhar S, Feiner S K, Aref W G. Spatial computing. Communications of the ACM, 2015, 59(1):72—81.

[46] Bremen Spatial Cognition Center. Spatial cognition. http://www. spatial- cognition. de/. [2016-7-13].

[47]Couclelis H, Golledge R G, Gale N, et al. Exploring the anchor- point hypothesis of spatial cognition. Journal of Environmental Psychology,1987,7(2):99—122.

[48]Tolman E C. Cognitive maps in rats and men. Psychological Review,1948,55(4):189—208.

[49]Levinew M, Marchon I, Hanley G, et al. The placement and misplacement of you- are- here maps. Environment & Behavior,1984,16(2):139—157.

[50]Allen G L, Kirasic K C, Dobson S H, et al. Predicting environmental learning from spatial abilities:An indirect route. Intelligence,1996,23(3):327—355.

[51]Montello D R, Lovelace K L, Golledge R G, et al. Sex- related differences and similarities in geographic and environmental spatial abilities. Annals of the Association of American Geographers,1999,89(3):515—534.

[52] Madl T. Bayesian mechanisms in spatial cognition:Towards real- world capable computational cognitive models of spatial memory[PhD Thesis]. Manchester:University of Manchester,2015.

[53]Madl T,Franklin S,Chen K,et al. Towards real- world capable spatial memory in the LIDA

cognitive architecture. Biologically Inspired Cognitive Architectures,2016,16:87—104.

[54]Hajibabai L,Delavar M R,Malek M R,et al. Agent-based simulation of spatial cognition and wayfinding in building fire emergency evacuation. Lecture Notes in Geoinformation & Cartography,2007,6752(4):255—270.

[55]Raubal M. Agent-based simulation of human wayfinding:A perceptual model for unfamiliar buildings[PhD Thesis]. Wien:Vienna University of Technology,2001.

[56]王晓明,刘瑜,张晶. 地理空间认知综述. 地理与地理信息科学,2005,21(6):1—10.

[57]Kosslyn S M,Flynn R A,Amsterdam J B,et al. Components of high-level vision:A cognitive neuroscience analysis and accounts of neurological syndromes. Cognition, 1990, 34 (3): 203—277.

[58]Lloyd R. Spatial Cognition:Geographic Environments. Dordrecht:Kluwer Academic,1997.

[59]Landau B,Jackendoff R. "What" and "where" in spatial language and spatial cognition. Behavioral & Brain Sciences,1993,16(2):217—238.

[60]鲁学军,周成虎,龚建华. 论地理空间形象思维——空间意象的发展. 地理学报,1999, 54(5):401—409.

[61]Pylyshyn Z W. Mental imagery:In search of a theory. Behavioral and Brain Sciences,2002, 25(2):157—237.

[62]Kosslyn S M. Image and Brain:The Resolution of the Imagery Debate. Cambridge:MIT Press,1994.

[63]Tversky B. Distortions in memory for maps. Cognitive Psychology,1981,13(3):407—433.

[64]Tversky B. Cognitive maps,cognitive collages,and spatial mental models. Lecture Notes in Computer Science,1993,716:14—24.

[65]Thorndyke P W,Hayes-Roth B. Differences in spatial knowledge acquired from maps and navigation. Cognitive Psychology,1982,14(4):560—589.

[66]Vieu L. Spatial representation and reasoning in artificial intelligence//Stock O. Spatial and Temporal Reasoning. Dordrecht:Kluwer Academic Publishers,1997:5—41.

[67]Cohn A G, Hazarika S M. Qualitative spatial representation and reasoning:An overview. Fundamenta Informaticae,2001,46(1/2):1—29.

[68]Egenhofer M J,Mark D M. Naive geography//Frank A U, Kuhn W. Spatial Information Theory A Theoretical Basis for GIS. Berlin:Springer Verlag,1995:1—15.

[69]刘建炜,燕路峰. 知识表示方法比较. 计算机系统应用,2011,20(3):242—246.

[70]张攀,王波. 专家系统中多种知识表示方法的集成应用. 微型电脑应用,2004,20(6):4—6.

[71]李志林. 地理空间数据处理的尺度理论. 地理信息世界,2005,3(2):1—5.

[72]邬建国. 景观生态学——格局、过程、尺度与等级. 北京:高等教育出版社,2000.

[73]Qi Y,Wu J. Effects of changing spatial resolution on the results of landscape pattern analysis using spatial autocorrelation indices. Landscape Ecology,1996,11(1):39—49.

[74]苏理宏,李小文,黄裕霞. 遥感尺度问题研究进展. 地球科学进展,2001,16(4):544—548.

[75]刘贤赵. 论水文尺度问题. 干旱区地理,2004,27(1):61—65.

［76］Sheppard E，Mcmaster R B. Scale and Geographic Inquiry：Nature，Society and Method. Malden：Wiley-Blackwell，2004.

［77］孙庆先，李茂堂，路京选，等. 地理空间数据的尺度问题及其研究进展. 地理与地理信息科学，2007，23(4)：53－56.

［78］Lam S N，Quattrochi D A. On the issues of scale，resolution，and fractal analysis in the mapping sciences. Professional Geographer，1992，44(1)：88－98.

［79］Cao C Y，Nina S N L. Understanding the scale and resolution effects in remote sensing and GIS//Dale A Q，Michael F G. Scale in Remote Sensing and GIS. Boca Raton：CRC Press，1997：57－72.

［80］张春晓. 高分影像认知模型及应用研究［硕士学位论文］. 北京：中国科学院研究生院，2010.

［81］鲁学军，周成虎，张洪岩，等. 地理空间的尺度——结构分析模式探. 地理科学进展，2004，23(2)：107－114.

［82］鲁学军，张洪岩，高志强，等. 区域地理系统单元等级圆锥建模. 地理研究，2005，24(6)：935－947.

［83］孟斌，王劲峰. 地理数据尺度转换方法研究进展. 地理学报，2005，60(2)：227－288.

［84］赵金，陈曦，包安明，等. 土地利用监测适宜尺度选择方法研究——以塔里木河流域为例. 地理学报，2007，62(6)：659－668.

［85］李双成，蔡运龙. 地理尺度转换若干问题的初步探讨. 地理研究，2005，24(1)：11－18.

［86］King T W. Translating models across scales in the landscape//Tuner M G，Gardner R H. Quantitative Methods in Landscape Ecology. New York：Springer Verlag，1991：479－517.

［87］Wu J. Hierarchy and sealing：Extrapolating information along a scaling ladder. Canadian Journal of Remote Sensing，1999，25(4)：367－380.

［88］Marceau D J，Gratton D J，Fournier R A，et al. Remote sensing and the measurement of geographical entities in a forested environment：The optimal spatial resolution. Remote Sensing of Environment，1994，49(2)：105－117.

［89］Woodcock C E，Strahler A H. The factor of scale in remote sensing. Remote Sensing of Environment，1987，21(3)：311－332.

［90］Hyppanen H. Spatial autocorrelation and optimal spatial resolution of optical remote sensing data in boreal forest environment. International Journal of Remote Sensing，1996，17(17)：3441－3452.

［91］Atkinson P M，Kelly R E J. Scaling-up point snow depth data in the U. K. for comparison with SSM/I imagery. International Journal of Remote Sensing，1997，18(2)：437－443.

［92］Gertner G，Wang G. Appropriate plot size and spatial resolution for mapping multiple vegetation types. Photogrammetric Engineering & Remote Sensing，2001，67(5)：575－584.

［93］顾海燕. 面向对象的高分辨率遥感影像分类技术研究［硕士学位论文］. 阜新：辽宁工程技术大学，2007.

第 3 章　GEOBIA 框架

从地理本体基础理论出发,面向智能化发展方向,提出地理本体驱动的遥感影像分类地理本体框架,即客观描述地理实体概念本体,构建遥感影像分类地理本体模型,实现地理本体驱动的影像对象分类方法,为遥感影像分类提供全局性分析解译策略和标准、科学的框架,变遥感影像分类的不确定性为确定性,提高遥感影像分类的科学性。

按照框架提出、实体描述、模型建立、方法实现、分类实验的主线展开,研究内容逐层推进,如图 3-1 所示。

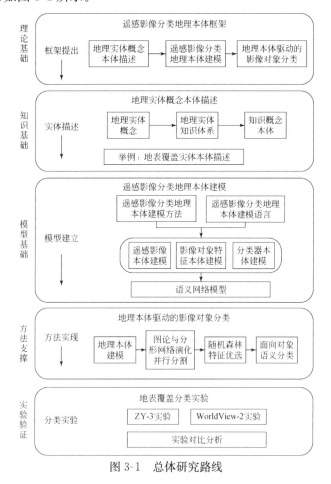

图 3-1　总体研究路线

3.1　框架的提出

　　GEOBIA 的一般框架为影像分割-特征提取-对象分类,该框架仍然属于数据驱动的模式识别的范畴,缺乏对地理实体的客观描述,缺乏对影像分类各元素的建模,达不到对地理实体的客观再现。由此,从地理本体出发,分析遥感影像面向对象分类机理,突破模式识别范畴的浅显认识,提出地理本体驱动的地理实体描述—模型构建—影像对象分类解译框架。首先,利用地理本体建立影像对象客观特征与领域专家知识的联系,实现对地理实体的描述与表达;其次,利用知识工程方法以及计算机可操作的形式化本体语言构建影像对象特征、分类器的本体模型,形成语义网络模型;最后,联合语义网络模型与专家规则实现影像对象的语义分类[1]。

　　遥感影像分类地理本体的 GEOBIA 框架如图 3-2 所示。

　　遥感影像分类地理本体的 GEOBIA 框架的三大核心内容如下。

　　(1)地理实体概念本体描述。构建地理实体知识体系,从地理本体角度形式化、客观描述地理实体的客观特征与领域专家知识,建立地理实体概念本体,实现对地理实体的客观描述。

　　(2)遥感影像分类地理本体建模。利用地理本体构建遥感影像、影像对象特征、分类器的模型,利用 OWL 进行本体表达,形成语义网络模型。

　　(3)地理本体驱动的影像对象分类。基于语义网络模型,利用机器学习分类器进行初始分类,利用专家规则进行语义分类,得到分类图与语义信息。

　　该框架具有如下优势。

　　(1)利用地理本体连接主客观知识,统一认知,实现对地理实体的本体描述,具有客观性、明确性、可操作性等特征,避免了不同专家由于不同解译经验带来结果的不一致问题。

　　(2)利用语义网络模型能够对客观存在的概念、特征、关系进行显式表达,将各种知识有机地联系在一起,减小低层特征与高层语义之间语义鸿沟;容易以计算机可操作的形式化语言明确表达语义关系。

　　(3)采用机器学习与专家规则进行语义分类,能够处理复杂条件下的影像对象分类,掌握地理实体的语义信息,有助于地理实体的客观再现。

　　(4)本体框架文件具有较强的灵活性和可扩展性,可以在本体框架文件中加入其他约束条件,以弥补现有专家规则与决策树的不足,使其适用于其他类似条件下的影像分类,也可以与数据库连接,存储原始对象信息与分类结果。

　　(5)该框架具有客观性、全局性、通用性、普适性等特征,能够为遥感影像分类提供全局性的解译分析策略和标准、科学的框架,变遥感影像分类的不确定性为确

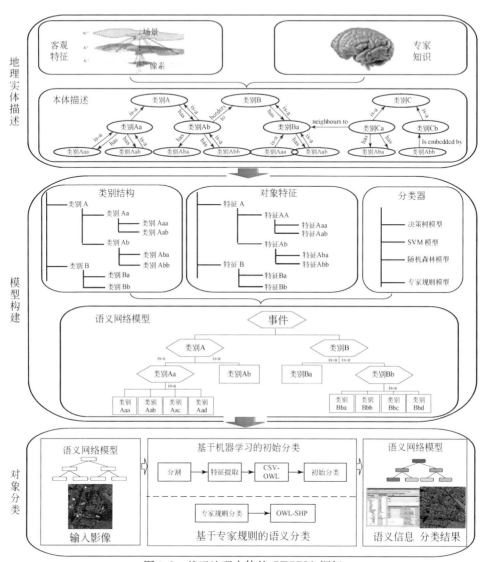

图 3-2　基于地理本体的 GEOBIA 框架

定性,提高遥感影像分类的科学性。

3.2　地理实体概念本体描述

地理实体概念本体描述是建模的基础,遥感影像具有固有的光谱、纹理、形状等客观的定量特征,而专家知识存在主观性,两类信息相辅相成、缺一不可。利用地理本体连接两类知识,提高地理实体描述与表达的客观性与鲁棒性,确保描述地理实体的知识的一致性,使其具有良好的表征性能。地理实体概念本体描述主要包括:明确地理实体概念、构建地理实体知识体系、描述地理实体概念本体。地理实体的概念一般用大家公认的概念进行表达,有其内涵和外延,反映其本质属性的思维形式。地理实体知识体系描述了地理实体所具有的客观特征及主观专家知识,可以分为四类:地理知识、遥感影像特征、影像对象特征、专家知识,如图 3-3 所示。地理实体概念本体是从地理本体角度出发,利用地理实体知识来描述具体地理实体的一种描述形式,具有概念化、明确性等特征。

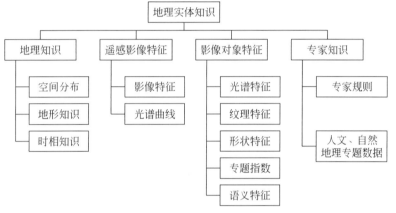

图 3-3　地理实体知识体系

3.3　遥感影像分类地理本体建模

在地理实体概念本体描述的基础上,分析遥感影像、类别等级结构、特征结构以及分类器,利用 OWL 进行表达,构建地理实体知识表达模型。从人工智能角度看,知识表达的方法主要包括产生式、框架、语义网络、神经元网络等。这些方法各有优缺点,实际应用中一般根据具体问题选择其中的一种或几种,本书采用语义网络模型进行表达。

语义网络模型是通过概念及其语义关系来表达知识的一种有向网络图,如图 3-4 所示。

其中,有向图的节点表示各种事物、概念、情况、属性、动作、状态等。对于地表覆盖分类,节点表示地物类型,连接线表示节点之间各种语义的关系,节点和连接线带有标识,用以区分各个不同对象以及对象之间各种不同的关系[2]。

语义网络模型可以在不同尺度上集成多源数据,如不同传感器遥感影像、矢量、GIS 数据、先验知识等。语义网络模型中存在不同层次的链接关系,如 is-a、a-kind-of、a-member-of、instance-of、attribute-of、part-of、composed-of 和 location

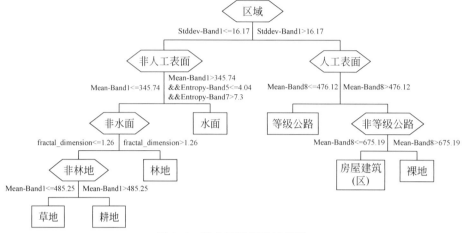

图 3-4　语义网络模型示意图

等简单语义关系,以及合取、析取、否定、蕴涵和量化等高级链接关系[3]。

　　语义网络模型知识表示法具有如下优点:①能够对客观存在的地理实体的概念、特征、关系进行显式表达,将各种知识有机地联系在一起,减少低层特征与高层语义之间的语义鸿沟;②能够通过地理对象的联系追溯到相关的父对象、子对象、邻域对象,实现对相关地理对象知识的直接存取;③容易以计算机可操作的形式化语言明确表达地理实体概念及其蕴涵的语义关系[3,4]。

　　本书利用斯坦福大学开发的 Protégé 本体编辑软件进行建模,显示了类等级结构、对象属性、数据属性、个体、语义网络模型等信息,如图 3-5 所示。

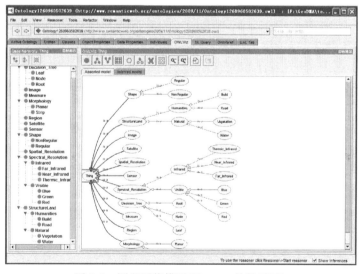

图 3-5　语义网络模型(Protégé 软件展示)

3.4　地理本体驱动的影像对象分类

在利用地理本体构思现实世界中类的基础上,首先构建 OWL 语义网络模型,其次利用影像分割技术得到影像对象,然后计算影像对象的典型特征并进行特征选择,最后利用机器学习方法(决策树、支持向量机、随机森林、混合学习等)进行初始分类,利用专家规则进行推理式语义分类。其中,机器学习方法和专家规则表示成 OWL 或者 SWRL 格式,并写入本体文件,采用 XQuery 查询语言查询使用这两类分类器。

地理本体驱动的影像对象分类的四个层次如下。

第一层次:影像分类地理本体模型构建。面向具体的应用需求,构建影像、分类类别、对象特征、分类器等的本体模型,形式语义网络模型。

第二层次:影像分割。利用分割技术对遥感影像进行分割,得到影像对象。

第三层次:特征计算与优选。计算影像对象的特征,并进行特征优选。

第四层次:影像对象分类。利用机器学习方法对对象进行分类,得到初始分类结果,在初始分类的基础上,利用专家规则进行语义分类,得到对象的语义信息。

地理本体驱动的影像对象分类层次结构如图 3-6 所示。

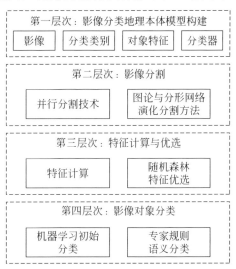

图 3-6　地理本体驱动的影像对象分类层次结构

3.5　小　　结

本章从地理本体出发,面向智能化发展,提出"地理实体概念本体描述—遥感影像分类地理本体建模—地理本体驱动的影像对象分类"遥感影像分类地理本体框架,简要介绍了该框架的三大核心内容:地理实体概念本体描述、遥感影像分类地理本体建模、地理本体驱动的影像对象分类(三大核心内容在第4~6章详细介绍),为遥感影像分类提供全局性分析解译策略和标准、科学的框架。GEOBIA 是一个不断发展的综合性研究方向,需要以理论框架为基础,通过 GEOBIA 技术挖掘出遥感影像的信息与价值。

参 考 文 献

[1]顾海燕. 遥感影像地理本体建模驱动的对象分类技术[博士学位论文]. 武汉:武汉大学,2015.

[2]关丽,程承旗,刘湘南. 高分辨率遥感影像城市房屋信息自动提取模型与实验研究. 地理与地理信息科学,2007,23(5):26—30.

[3]Tonjes R, Glowe S, Buckner J, et al. Knowledge- based interpretation of RS images using semantic nets. Photogrammetric Engineering& Remote Sensing,1999,65(7):811—821.

[4]于静. 基于目视解译的城市遥感影像语义结构研究[博士学位论文]. 北京:中国科学院遥感应用研究所,2008.

第4章 地理实体概念本体描述

本章是遥感影像分类地理本体框架"地理实体概念本体描述-遥感影像分类地理本体建模-地理本体驱动的影像对象分类"的第一步,在利用地理本体对地理实体进行描述时,主要是构建地理实体知识体系,描述地理实体概念本体。以地表覆盖实体为例,描述了地表覆盖实体的概念本体,为后续建模奠定基础。

4.1 地理实体知识体系

地理实体知识体系可以分为四类:地理知识、遥感影像特征、影像对象特征、专家知识等。

4.1.1 地理知识

地理知识包括空间分布特征、地形知识、季节变化知识。

1)地理空间分布特征

利用该特征可以从宏观上了解空间分布状况。地理实体与地理性状的空间分布如下。

(1)地理实体的空间分布,如我国的水稻主要分布于国土东部,秦岭-淮河一线以南的平原、丘陵地区。

(2)地理性状的空间分布包括分布特征、规律、演变等。例如,我国耕地集中分布于东部季风区的平原和盆地;林地集中分布在东北山地、东南部低山丘陵、西南横断山区。

2)地形知识

地形知识可以了解地理实体随地形变化的空间差异,以及斑块的破碎化程度。全国划分为平原、台地、丘陵、小起伏山地、中起伏山地、大起伏山地、极大起伏山地等基本地貌类型。

3)季节变化知识

它能够反映地物本身随季节的变化规律。对于同一地类,季节变化知识表现为随着季节变化地类内部呈现不同的覆盖表现[1]。例如,北京山区典型植被的覆盖度随季节呈非线性变化,成熟期之前各种植被覆盖度增加较快,然后保持平稳,成熟期之后略呈减小趋势[2]。

4.1.2 遥感影像特征

遥感影像分类重点关注的是它的传感器类型、空间分辨率等信息。全国第一次地理国情普查中主要使用九类卫星影像,包括全色与多光谱,多光谱以蓝、绿、红、红外或者近红外波段为主,如表4-1所示。不同类型地物对不同波段电磁波的反射和吸收存在差异,表现出特有的光谱曲线,如表4-2所示。

表4-1 光谱曲线特征

波段	特征
蓝波段	短波段对应于清洁水光谱曲线的峰值,长波段位于叶绿素光谱曲线的吸收区,对针叶林的识别能力较强
绿波段	位于叶绿素光谱曲线两个吸收带之间,可用于植被提取,与蓝波段合成可显示水体的蓝绿比值,能够估测可溶性有机物和浮游生物
红波段	位于叶绿素光谱曲线的吸收区,有利于识别作物、裸露土壤、岩石表面等
近红外波段	对应于植物光谱曲线的反射峰值区,对于植被的识别十分有用,与绿波段的比值对绿色生物量和植物含水量较敏感,水体对该波段反射率非常低,有利于水体的提取

表4-2 全国第一次地理国情普查常用卫星影像

卫星源	数据类型	光谱范围/nm	波段号	分辨率/m
WorldView-1	全色	400～900		0.5
WorldView-2	全色	450～800		0.5
	多光谱	450～510(蓝)	1	1.84
		510～580(绿)	2	
		630～690(红)	3	
		770～895(近红1)	4	
QuickBird	全色	610～720		0.61
	多光谱	450～520(蓝)	1	2.44
		520～600(绿)	2	
		630～690(红)	3	
		760～900(近红1)	4	

续表

卫星源	数据类型	光谱范围/nm	波段号	分辨率/m
IKONOS	全色	450～900		1
	多光谱	450～520(蓝)	1	4
		520～600(绿)	2	
		630～700(红)	3	
		760～850(近红 1)	4	
SPOT5	全色	490～690		2.5
	多光谱	490～610(绿)	1	
		610～680(红)	2	10
		780～890(近红)	3	
SPOT6	全色	455～745		1.5
	多光谱	455～525(蓝)	1	
		530～590(绿)	2	6
		625～695(红)	3	
		760～890(近红)	4	
GeoEye-1	全色	450～800		0.41
	多光谱	450～510(蓝)	1	1.65
		510～580(绿)	2	
		655～690(红)	3	
		780～920(近红)	4	
Pleiade-1A/1B	全色	480～830		0.5
	多光谱	430～550(蓝)	1	2
		490～610(绿)	2	
		600～720(红)	3	
		750～950(近红)	4	
ZY-3	全色	500～800		2.1
	多光谱	450～520(蓝)	1	6
		520～590(绿)	2	
		630～690(红)	3	
		770～890(近红)	4	

4.1.3　影像对象特征

影像对象特征主要分为以下几类,具体公式表达参见 Definiens 软件手册[3]。

(1)图层特征:遥感影像最主要的信息,其他特征可以通过此类特征计算得到。常用的图层特征包括平均值、标准差、偏斜、基于像素的特征、对于邻域的特征、对于父对象的特征、对于场景的特征等。

(2)几何特征:评价影像对象的形状。基本的几何特征通过形成影像对象的像素进行计算。常用的几何特征包括扩展类、形状类、对于父对象的形状特征、基于多边形的形状特征等。

(3)位置特征:涉及相对于整个图幅的影像对象的位置。常用的位置特征包括距离、坐标等。

(4)纹理特征:遥感影像各个像元空间上分布的表达。常用的纹理特征包括基于子对象的层值纹理、形状纹理、Haralick 纹理等。

(5)类相关特征:常用的类相关特征包括与邻接对象相关特征、与子对象相关特征、与分类相关特征等。

(6)场景特征:反映整个场景的特征,主要包括类相关特征、场景相关特征等。

(7)专题指数:用来表征或突出显示一种或多种地物类型的特征,包括植被指数、水体指数、土壤指数、建筑物指数、阴影指数等[4~9]。

具体影像对象特征如表 4-3 所示。

表 4-3　影像对象特征

类型	子类型	特征	描述
图层	平均值	亮度	对象的平均强度
		强度	对象所有像素的平均强度
	标准差		对象强度值的标准差
	偏斜		对象中所有像素图层值的分布
	基于像素	比率	对象某一图层平均强度与所有图层平均强度的比值
		最小像素值	对象的最小像素值
		最大像素值	对象的最大像素值
		内边界平均值	对象内边界的像素平均强度值
		外边界平均值	对象外边界的像素平均强度值

续表

类型	子类型	特征	描述
图层	基于像素	对于邻域像素的对比度	与周围给定体积大小的像素对比度上的平均差分,用来查找边界和图幅的等级
		邻域像素的边界对比度	影像对象和周围给定体积大小对象的边界对比度,用来查找图幅中的边界
		邻域像素的标准差	对象扩展边界框内的像素值的标准差
		环形平均值	对象中心环形范围内的所有像素的平均值
		环形标准差	对象中心环形范围内的所有像素的标准差
		环形标准差与平均值的比率	对象中心环形范围内的所有像素的标准差的平均比率
	对于邻域	对于邻域的平均差分	某一对象及其邻域范围内的差分
		对于较暗邻域的平均差分	影像对象和其较暗邻域影像对象间的差分
		较亮对象的数目	较亮邻域对象的数目
		较暗对象的数目	较暗邻域对象的数目
	对于父对象	对于父对象的平均差分	影像对象的影像图层强度值和其父对象的影像图层强度值的差分
		对于父对象的比率	影像对象的平均图层强度值和其父对象的平均图层强度值的比率
		对于父对象的标准差差分	影像对象图层强度的标准差和其父对象的图层强度的标准差的差分
		对于父对象的标准差比率	影像对象图层强度的标准差和其父对象的图层强度的标准差的比率
	对于场景	对于场景的平均差分	影像对象的影像图层强度值与整个图层强度值的差分
		对于场景的比率	影像对象的影像图层强度值与整个图层强度值的比率

类型	子类型	特征	描述
几何	扩展	面积	影像对象的像素个数
		边界长度	与其他影像对象的共用影像对象的边缘像素总和
		长度	影像对象像素总数与长宽比率的乘积
		宽度	影像对象像素总数与长宽比率的比值
		长度/宽度	影像对象长度与宽度的比率
	形状	非对称性	影像对象的相对长度,通过短轴和长轴的长度比来表达
		边界指数	通过包围着矩形的影像对象的边界长度和最小长度的比率计算。表示影像对象参差不齐的程度,越参差不齐,边界指数越高
		紧致度	长宽乘积与总像素数的比值,描述影像对象的紧致程度,紧致度越高,出现的边缘越小
		密度	影像对象的像素的空间分布,形状越像条状,密度越低
		椭圆拟合	影像对象与近似大小、比例的椭圆的近似程度。0 表示没有拟合,1 表示完全拟合
		主方向	较大特征值所属的特征向量,来源于影像对象的空间分布的协方差矩阵
		内接椭圆的最大半径	影像对象与椭圆的相似程度
		外接椭圆的最小半径	影像对象的形状与椭圆的相近程度
		矩形拟合	影像对象与相似大小和比例的矩形拟合的程度。0 表示没有拟合,1 表示完全拟合
		圆度	影像对象与椭圆的相似程度,通过内接椭圆和外接椭圆的差分计算
		主方向	两个特征值较大的特征值所属的特征向量的方向
		形状指数	影像对象边界的平滑程度。边界越平滑,形状指数越小

续表

类型	子类型	特征	描述
几何	对于父对象	对于父对象的相对面积	影像对象的面积除以父对象的面积
		对于父对象的相对半径距离	被选择影像的中心和父对象的中心的距离除以较远的影像对象间(有相同的父对象)中心的距离
		对于父对象相对内边界	具有相同父对象的其他影像对象的边界和除以影像对象的所有边界
		对于父对象中心的距离	影像对象中心相对于父对象中心的距离
	基于多边形	边缘的平均长度	多边形内所有边缘的平均长度
		紧致度	多边形的面积和相同周长的圆面积的比值
		边缘数	多边形的边缘数
		周长	多边形所有边缘的长度总和
		边缘长度的标准差	边缘长度与它们的平均值的偏离程度
位置	距离	到直线的距离	一个二维影像对象的重心到给定直线的距离
		到场景边界的距离	影像对象到当前最近的场景边界的距离
		到第一个框架的 T 距离(像素)	影像对象到第一个场景框架的距离
		到最后一个框架的 T 距离	影像对象到最后一个框架的距离
		到场景最左边界的 x 距离	影像对象到场景的最左边界的水平距离
		到场景最右边界的 x 距离	影像对象到场景的最右边界的水平距离
		到场景最顶边界的 y 距离	影像对象到图幅的最顶边界的垂直距离
		到场景最底边界的 y 距离	影像对象到图幅的最底边界的垂直距离
	坐标	时间(像素)	影像对象中心的 T 位置。计算基于内部地图的影像对象的重心(几何中心)
		最大时间(像素)	源于边界框的影像对象的最大 T 位置。计算基于内部地图影像对象的最大 T 位置
		最小时间(像素)	源于边界框的影像对象的最小 T 位置。计算基于内部地图影像对象的最小 T 位置
		X 中心	影像对象中心的 X 位置。计算基于内部地图影像对象的中心
		Y 中心	影像对象中心的 Y 位置。计算基于内部地图影像对象的中心

类型	子类型	特征	描述
纹理	基于子对象的层值纹理	子对象均值的标准差	子对象不同层均值的标准差
		子对象邻域平均差的平均值	影像对象覆盖的区域内的局部对比
	基于子对象的形状纹理	子对象面积:均值	子对象面积的均值
		子对象面积:标准差	子对象面积的标准差
		子对象密度:均值	由子对象密度计算的均值
		子对象密度:标准差	由子对象密度计算的标准差
		子对象不对称性:均值	由子对象不对称性计算的均值
		子对象不对称性:标准差	由子对象不对称性计算的标准差
		子对象方向:均值	子对象方向的均值。不对称性越大,它的主要方向重要性越高
		子对象方向:标准差	子对象方向的标准差。子对象的主要方向是由各自的子对象的不对称性加权
	Haralick纹理	GLCM 同质性	表征局部的均质性,当纹理比较规律或表面比较光滑时,值比较大
		GLCM 对比度	能有效检测图像反差,提取物体边缘信息,增强线性构造等信息
		GLCM 熵	如果 GLCM 的元素呈均匀分布,则熵值高。如果元素接近 0 或 1,则熵值低
		GLCM 角二阶矩	图像纹理灰度变化均一的度量,反映了图像灰度分布的均匀程度和纹理粗细度
		GLCM 标准差	异质性的度量,灰度值和均值相差越大,方差越大
		GLCM 相关性	反映某种灰度值沿某些方向的延伸长度,延伸得越长,则相关值越大
		GLDV 角二阶矩	与 GLCM 角二阶矩类似,GLDV 角二阶矩测量局部同质性。如果某些元素同质性大,而其余的元素小,则 GLDV 角二阶矩值高
		GLDV 熵	如果所有的元素有相似值,则熵值高。它是相反的 GLDV 角二阶矩
		GLDV 对比度	它与前面描述的 GLCM 对比度测量等价

类型	子类型	特征	描述
类相关特征	与邻接对象相关	存在性	影像对象周围某一范围内的影像对象被分配到某一类的情况
		数量	对象数目属于在影像对象周围有一定的距离(以像元为单位)的选定类
		边界	影像对象与定义分类的邻接对象共享绝对边界
		相对边界	影像对象的共享边界长度与整个边界长度的比
		相对面积	选定类的影像对象覆盖的面积,是由选定的影像对象周围的用户定义的圆形区域除以这一区域内的影像对象的总面积
		距离	影像对象的中心距与指定到一个定义类到最近的影像对象中心相关
		平均差	所关心的影像对象的 L 层平均值对于被分配到某一定义类型中的所有影像对象的 L 层平均值的平均差分
	与子对象相关	存在性	特征的存在性是检查是否有至少一个子对象指定了一个定义类。如果有,则特征值为 1,否则特征值是 0
		数量	指定到一个定义类的子对象的数目
		面积	指定到一个定义类的子对象的绝对覆盖面积
		相对面积	指定到一个给定类的子对象的覆盖面积除以有关影像对象的总面积
	与分类相关	隶属度	隶属度函数允许在不同类别间明确地标记隶属度值。如果隶属度值低于指定阈值,则这个值变为 0
		分类值	与隶属度特征相反,它可以适用于没有任何限制的所有类的隶属度值
		类名	返回一幅影像对象(或它的父对象)的类(或超类)的名称
		类颜色	返回一幅影像对象(或它的父对象)的类(或超类)的红色、绿色或蓝色颜色分量
场景特征	类相关	分类对象数量	在全部影像对象层上选定类中的所有影像对象的绝对数量
		每一类的样本数	在全部影像对象层上选定类的所有样本的数量

类型	子类型	特征	描述
场景特征	类相关	分类对象面积	影像对象的全部像素总数
		分类对象层均值	所选类所选层的平均值
		分类对象层标准差	所选类所选层的标准差
	场景相关	场景均值	选定的影像层的平均值
		标准差	所选层的标准差
		最小的实际像素值	一个给定的影像层中的所有像素值最暗的实际强度值
		最大的实际像素值	一个给定的影像层中的所有像素值最亮的实际强度值
		影像层数	场景层 K 的数量
		对象数	场景中包括未分类的影像对象的所有影像对象层上的任意类
		场景像素数	场景像素层的像素数量
		时间序列距离	时间坐标单元片之间的时空距离
专题指数[红 (R)、绿 (G)、蓝 (B)、近红外(NIR)、中红外(MIR)和短波红外(SWIR)]	植被相关	NDVI	$(NIR-R)/(NIR+R)$归一化植被指数
		RVI	NIR/R 比值植被指数
		DVI	$NIR-R$ 差值植被指数
		SAVI	$1.5(NIR-R)/(NIR+R+0.5)$土壤调节植被指数
		OSAVI	$(NIR-R)/(NIR+R+0.16)$修正土壤调节植被指数
	土壤相关	SBI	$\sqrt{R^2+NIR^2}$ 土壤亮温指数
		NDMI	$(G-SWIR)/(G+SWIR)$土壤湿度指数
	水体相关	NDWI	$(G-NIR)/(G+NIR)$归一化水体指数
		MNDWI	$(G-MIR)/(G+MIR)$修正归一化水体指数
	阴影相关	SI	$(R+G+B+NIR)/4$ 阴影指数
		Chen(1)	$0.5(G+NIR)/R-1$　　自命名:分离水体和阴影
		Chen(2)	$(G-R)/(R+NIR)$自命名:分离水体和阴影
		Chen(3)	$(G+NIR-2R)/(G+NIR+2R)$自命名:分离水体和阴影
		Chen(4)	$(R+B)/G-2$ 自命名:分离水体和阴影
		Chen(5)	$|R+G-2B|$自命名:分离水体和阴影
	建筑相关	BAI	$(B-NIR)/(B+NIR)$建筑物指数
		NDBI	$(MIR-NIR)/(MIR+NIR)$归一化建筑物指数

4.1.4　专家知识

地理实体除了利用低级特征(如影像对象特征)进行描述外,还可以利用高级特征(如专家知识)进行描述,杜清运 2001 年归纳地理空间信息的语义特征,对构建地理本体具有很好的借鉴作用[10]。从物质上看,有植被、水体等自然要素,公路、建筑物等人工要素;从形态上看,有静态、流动、规则、弯曲等;从大小看,有小、中、大尺度;从功能上看,有交通功能、居住功能、旅游功能等。例如,湖泊的专家知识为水体＋静态＋面状＋旅游,公路的专家知识为道路＋线状＋规则＋经济含义,建筑物的专家知识为规则＋面状＋居住。

专家知识除了重点关注物质、形态、大小、功能、等级等属性特征外,还需要考虑到地理本体的特殊性以及复杂性,如拓扑关系、位置、时态等属性。

4.2　地理实体知识概念本体

4.2.1　领域知识概念本体描述

本小节从地理实体领域知识的分类来进行本体描述。地理知识为构建地理本体提供了宏观知识,遥感影像特征可作为地理本体的一种源数据,起到索引的作用,影像对象特征是地理本体中的个体,直接作为面向对象分类的知识来源。专家知识蕴涵着语义信息,可以进一步推理出地理实体的语义信息,有助于地理实体的客观再现。领域知识概念描述框架如图 4-1 所示。

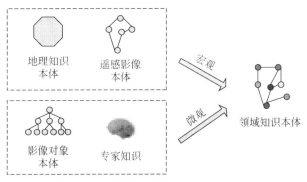

图 4-1　领域知识概念本体描述框架

1)地理知识概念本体

地理知识概念本体关系为地理空间分布、地形知识、季节变化知识是地理知识的子类,平原、台地、丘陵等是地形知识的个体,如图 4-2 所示。

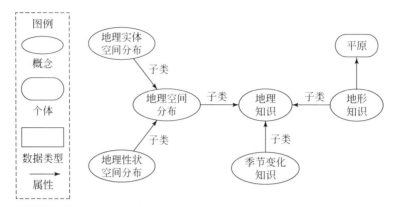

图 4-2　地理知识概念本体

2)遥感影像概念本体

遥感影像概念本体关系为对象来自影像,影像来自波段,波段来自传感器、传感器来自卫星,波段具有空间分辨率与光谱分辨率,如图 4-3 所示。

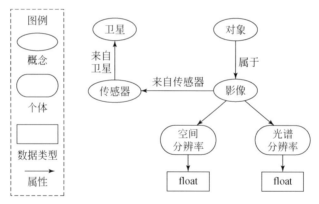

图 4-3　遥感影像概念本体

3)影像对象特征概念本体

影像对象概念本体关系为图层特征、纹理特征、几何特征等都是影像对象特征的子类,GLCM 特征是纹理特征的子类,NDVI 是专题指数的个体,如图 4-4 所示。

4)专家知识概念本体

专家知识概念本体关系为河流、公路、湖泊、建筑物等都是地理要素的子类,利用水+流动+自然弯曲+交通+线状表达河流所具有的高级特性,这些特性可以通过影像对象的低级特征进行表达,如图 4-5 所示。

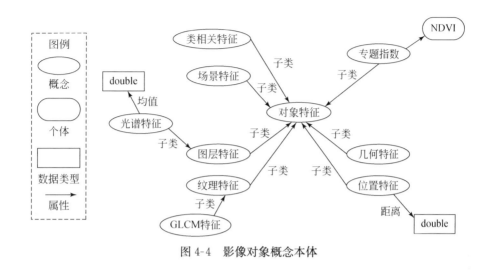

图 4-4　影像对象概念本体

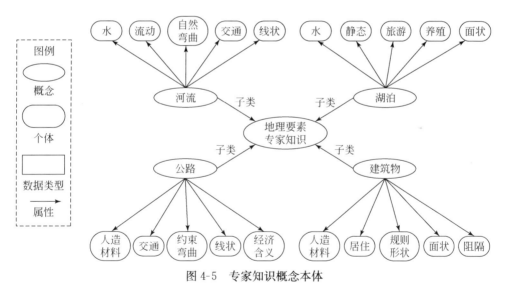

图 4-5　专家知识概念本体

4.2.2　领域知识选择

领域知识特征种类众多,容易引起维度灾难,特征选择能剔除不相关或冗余特征,从而达到减少特征个数、提高模型精度、减少运行的时间[11]的目的。

领域知识选择过程一般包括产生、评价、验证三个步骤,如图 4-6 所示。

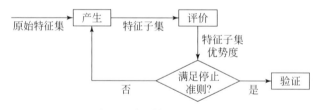

图 4-6 领域知识选择过程

1)产生

产生是搜索特征子集的过程,负责为评价提供特征子集,主要包括完全搜索、启发式搜索、随机搜索三大类,如图 4-7 所示。

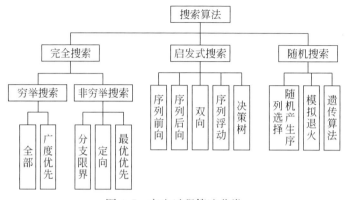

图 4-7 产生过程算法分类

2)评价

利用评价函数来评价特征子集的优劣程度,常用的评价函数包括相关性、距离、信息增益、一致性、分类器错误率。当评价函数值达到设置阈值后就可停止搜索,进行验证,否则返回产生过程。

3)验证

验证被选出来的特征子集的有效性与可行性。

本书利用随机森林分类进行特征选择,随机森林能够自动进行特征优选,本节不具体介绍,在 6.2 进行详细的介绍。

4.3 举例:地表覆盖实体本体描述

本节以地理国情普查中的地表覆盖一级类实体为例,通过阅读国内外遥感影像解译相关文献,总结归纳耕地、林地、园地、草地、房屋建筑(区)、道路、荒漠与裸露地表、水域八种地表覆盖类型的领域知识,建立这八种地表覆盖实体的概念本体。地理实体遥感影像与实地图片均来自地理国情普查内容与指标(GDPJ 01—2013)[12,13]。

4.3.1　地表覆盖实体领域知识

1. 耕地实体领域知识

耕地实体图与遥感影像图如图 4-8 所示。

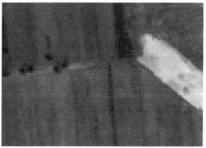

图 4-8　耕地

1)空间分布特征

中国耕地空间分布可划分为高度稀疏区、低度稀疏区、一般过渡区、低度集聚、高度集聚区等五种类型。胡焕庸线之东南 40％的国土面积分布着全国 88％的耕地;西北 60％的国土面积分布着全国 12％的耕地[14]。

2)地形特征

随着坡度的增加,耕地斑块的破碎化程度加大。耕地主要分布在河流两侧低海拔、坡度小的区域。该区域河网密布、水源充足、土壤肥力高,地势起伏不大,交通方便,偏于耕作[15]。

3)时相特征

能够反映地物本身随季相的变化规律,结合影像时相,利用农事历能够了解到一个区域基本的作物组成及其生育期,从而判断耕地的主要覆盖类型及具体的覆盖特点。一般分为三个阶段:①8月上旬至 9 月下旬,收获前期,以作物覆盖为主;②10 月上旬至 10 月下旬,收获阶段,既包括作物覆盖,又包括收获后的无作物覆盖;③11 月上旬至次年 1 月份,收获后期,主要以无作物覆盖为主[1]。

4)影像对象特征

(1)光谱特征:耕地的光谱特征一般会随着时间的变化而改变[16]。常用特征为均值、方差、亮度、比率等。

(2)纹理特征:相对较为光滑,主要取决于农作物叶子的形状、大小和阴影等。

一般利用灰度共生矩阵来表示。常用的纹理特征包括熵、能量、相关、局部平稳、对比度。

（3）形状特征：形状特征比较明显，面积较大，平原区耕地具有规则的几何形状，山区、半山区多为不规则的几何形状，可以用面积、矩形度、长宽比、形状指数来表示。

（4）专题指数：常用 NDVI、RVI、DVI、SAVI、OSAVI 等表示。

（5）语义特征：地块边界多有路、渠、田间防护林网等，耕地中由于田地间田埂线、小路的存在，会在一定程度上有助于耕地的有效识别和提取[17]。

2. 林地实体领域知识

林地实体图与遥感影像图如图 4-9 所示。

图 4-9　林地

1）空间分布特征

我国林地空间分布极不均匀，总的态势是：以大兴安岭-吕梁山-青藏高原东缘一线以东的地区是有林地集中分布的地区，即东部林区；此线以西，内蒙古中部-青藏高原的雅鲁藏布江中游一线以东的地区是灌木林集中分布的地区；其他林地主要混杂在有林地的区域内[17]。

2）地形特征

林地主要分布在山区、道路周围和农田的防护林[18]，阴坡上的林地生长茂盛，海拔较高地区林地生长周期一般较长，生长区域没有明显界限。

3）时相特征

春季开始返绿，有少量的覆盖物，夏季生长繁茂，秋冬季凋落，包括覆盖物和无覆盖物。

4）影像对象特征

（1）光谱特征：蜂窝状的高低亮度分布，具有典型的绿色植物反射光谱特征，选用色调、亮度、饱和度、比率、植被指数等光谱特征。

（2）纹理特征：纹理粗糙，无规律，有较大斑点，与草地区分大，构建能量、同质性、角二阶矩、对比度、相关性、熵等纹理特征。

（3）形状特征：形状多为条状或片状，边界有溢出，构建面积、形状指数、密度、边界指数等特征。

（4）专题指数：常用 NDVI、RVI、DVI、PVI、GVI、SAVI、OSAVI 等表示。

（5）语义特征：主要分布在山区和农田四周的防护林。

（6）DEM 辅助：DEM 辅助可以与草地、耕地区分开。

3. 园地实体领域知识

园地实体图与影像图如图 4-10 所示。

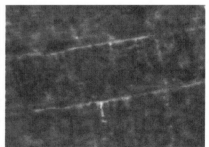

图 4-10　园地

1）空间分布特征

东南部主要是橡胶园、果园和桑园等其他园地；西北部主要是果园，苗圃等其他园地。一般园地分布在农村居住地周围，与耕地相邻接。园地多分于平原地区，分布相对比较集中，其中果园占园地总面积的半数以上。

2）地形特征

随着地势增高，园地的种植面积逐渐减小，种类趋于单一，浅山区的丘陵地带及川谷地带主要是茶园、苗圃等其他园地；平原区园地主要是果园和桑园、橡胶园等其他园地[19]。

3）时相特征

与林地的生长周期类似，春、夏两季是园地植物生长旺盛时期；秋冬两季，大部分区域无植物覆盖，反差比较明显。

4）影像对象特征

（1）光谱特征：亮度较高，构建亮度、植被指数等光谱特征。

（2）纹理特征：纹理比较粗糙、均匀，在影像上多呈规则化的颗粒状纹理，有斑点并且有规律，构建能量、熵、变化量、相关性等纹理特征。

(3)形状特征:形状规则,成行成列,规则分布,边界较明显,构建面积、长宽比、密度、边界指数等形状特征。

(4)专题指数:常用 NDVI、RVI、DVI、SAVI、OSAVI 等表示。

(5)语义特征:一般分布在居民地附近,具有季节性的变化特征,耕地和园地有相似的光谱特征,存在耕地的地方就有可能存在园地。

(6)DEM 辅助:DEM 辅助可以与草地、耕地区分开。

4. 草地实体领域知识

草地实体图与影像如图 4-11 所示。

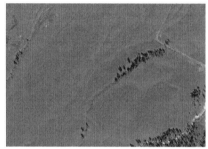

图 4-11　草地

1)空间分布特征

草地主要分布在水分条件较好的河流沟谷附近及耕地边缘。

2)地形特征

随着坡度的增加,草地逐渐减少,阳坡草地较为茂盛,随着海拔的增加,草地由草原化荒漠逐渐演变为山地草原[20]。

3)时相特征

不同时期草地的时相特征变化比较大,某一时相难以区分草地类型,在其他时相可能很容易区分。每年春季,草地开始返青,不同类型的草地返青时间不同,如人工草地 5 月到 6 月迅速返青,天然草地中只有少许返青;秋季,草地普遍发黄枯萎,不同类型的草地枯萎时间也不相同[21]。

4)影像对象特征

(1)光谱特征:亮度偏暗,具有相似的灰度值,构建亮度、均值、标准差、植被指数等光谱特征。

(2)纹理特征:纹理较为细腻、均匀,包括构建均值、熵、均匀性、相关性等纹理特征。

(3)形状特征:形状不规则,斑块状,条状影像,形状与耕地类似,构建紧致度、形状指数、密度等形状特征。

(4)专题指数：常用 NDVI、RVI、DVI、SAVI、OSAVI 等表示。

(5)语义特征：图斑内部存在较少道路，容易与灌木林或稀疏灌丛混淆，城市内部草地较多。

(6)DEM 辅助：DEM 辅助可以与园地、林地区分开。

5. 房屋建筑(区)实体领域知识

房屋建筑包括房屋建筑区和独立房屋建筑，实体图与影像图如图 4-12 所示。

图 4-12　房屋建筑

1)空间分布特征

集中分布，城市中占比大，规律性分布，主要集中在平原地区，河流附近一般有大片房屋建筑区[22]。南方地区成片分布房屋建筑区，北方、西北方地区房屋分布集中，区域之间距离远。

2)地形特征

随着海拔的升高，房屋建筑区逐渐减少，山地丘陵地区鲜有房屋建筑区。

3)影像对象特征

(1)光谱特征：各波段反射都较高，在影像上一般表现为亮色调，构建亮度值、各波段均值及各波段标准差。

(2)形状特征：形状比较规则，排列比较规整，走向基本一致，轮廓明显，构建矩形度、形状指数、密度、边界指数等形状特征。

(3)纹理特征：纹理均匀，与周围环境对比度较大，构建熵、能量、相关、同质度、对比度等纹理特征。

(4)专题指数：常用 NDBI 表示。

(5)语义特征：与道路、水体不相交，周围可能是道路或者小型绿地。

(6)DEM 辅助：DEM 辅助可以去除阴影等大部分干扰因素。

6. 道路实体领域知识

从地表覆盖角度，道路包括有轨和无轨的道路路面覆盖的地表，如图 4-13 所示。

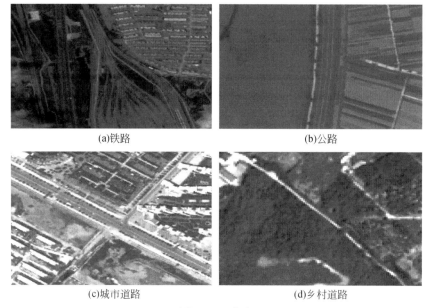

(a)铁路　　　　　　　　　　　　　(b)公路

(c)城市道路　　　　　　　　　　　(d)乡村道路

图 4-13　道路

1)空间分布特征

道路主要分布在城区、人口集中居中区域,呈网状分布,分隔居民区;在山地、丘陵等人烟稀少区域,道路较少。

2)地形特征

平原地区道路比较密集,相互交错。随着地势的升高,道路数量逐渐减少,分布区域逐渐变小,成条状分布。高原地区,道路稀少。

3)影像对象特征

(1)光谱特征:亮度比较明显,具有相似的灰度值,构建亮度、比率、均值等光谱特征。

(2)纹理特征:纹理比较均匀、平滑,与周围环境对比度较大,构建熵、能量、相关、同质度、对比度等纹理特征。

(3)形状特征:形状为长条带状,宽度基本保持不变,不会突然改变方向,构建矩形度、形状指数、长宽比、密度、弯曲度、边界指数等形状特征。

(4)语义特征:立交桥或高速路会投影形成阴影;道路往往被周边的树木、房屋等其他相对较高的地物遮蔽,道路上有车辆。反过来,车辆、行树、房屋等的出现也会预示着可能有道路存在。

(5)DEM 辅助:道路混有阴影,DEM 辅助可以去除阴影等大部分干扰因素。

7. 荒漠与裸露地表实体领域知识

荒漠与裸露地表遥感影像图如图 4-14 所示。

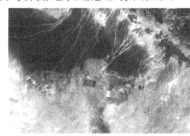

图 4-14 荒漠与裸露地表

1) 空间分布特征

荒漠和裸露地表地域分布广、类型多、差异明显,主要分布在西北、华北的干旱地区、西部内流地区的干涸河和干涸湖分布区域。

2) 地形特征

随着地形升高,雨水逐渐减少,植被覆盖度因此降低,荒漠和裸露地表地域也因此增多[23]。

3) 时相特征

荒漠和裸露地表区域植被稀疏,春夏时期存在部分植被覆盖。

4) 影像对象特征

(1) 光谱特征:亮度较高,构建亮度、比率、标准差等光谱特征。

(2) 纹理特征:纹理均匀,构建熵、均匀性、相关性等纹理特征。

(3) 形状特征:形状不规则,地类边界线不规则,构建密度、边界指数等形状特征。

(4) 语义特征:主要分布在西北、华北的干旱地区,山区与河边亮度值较高的地方,一般是荒漠与裸露地表。

8. 水域实体领域知识

从地表覆盖角度看,水域是指液态和固态水覆盖的地表,如图 4-15 所示。

1) 空间分布特征

中国水域空间分布总体呈现南多北少、东多西少的特点。以秦岭-淮河为界,以南的河流水量丰富、分布广阔,以北的河流则水量较小。

2) 地形特征

在山区,山体阴影的影响比较大,造成它们在影像上呈现出和水体相似的明显的暗色调,水体与山体的阴影容易产生混淆[24]。

(a)河渠　　　　　　　　　　　　(b)水渠

(c)湖泊　　　　　　　　　　　　(d)水库

图 4-15　水域

3)时相特征

南方河流水量丰富,年变化较缓和,冬季一般不冻;北方河流则有明显的丰水期、枯水期和结冰期。春汛、夏季蒸发量高、秋季径流量少和冬季蒸发量低等因素,导致水域面积增大或缩小,增加判读的难度[25]。

4)影像对象特征

(1)指数特征:在绿、近红外波段表现强反射、强吸收特征,构建水体指数 NDWI＝$(G-NIR1)/(G+NIR1)$。

(2)光谱特征:在蓝波段表现出强反射特征,构建蓝波段的比率、标准方差。

(3)纹理特征:纹理比较均匀、平滑,构建熵、能量、相关、同质度、对比度等纹理特征。

(4)形状特征:形状自然弯曲、宽窄不一,但总体上,长度远大于宽度,构建长宽比、形状指数等形状特征。

(5)DEM 辅助:在一定区域范围内,高程趋于平稳,起伏比较平缓,DEM 辅助可以去除阴影等大部分干扰因素。

4.3.2　地表覆盖实体概念本体

根据上述八种地表覆盖类型的领域知识,综合运用地理实体概念本体描述方法,建立这八种地表覆盖实体的概念本体,如图 4-16 所示。

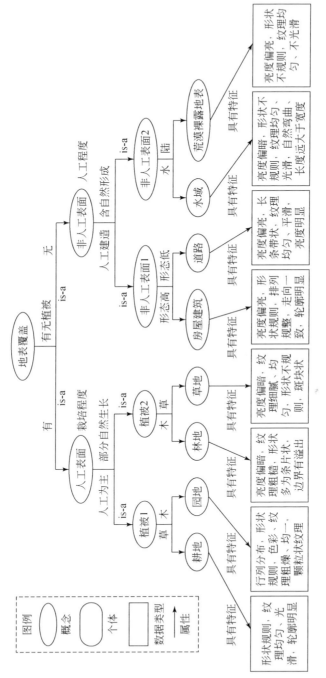

图4-16　地表覆盖实体概念本体

采用分级分层、逐渐细化原则,将地表覆盖分为八类实体。第一层:从有无植被角度,分为人工表面与非人工表面。第二层:根据栽培程度,将人工表面中以人工为主的分为植被1,部分自然生长的分为植被2;根据人工程度,将非人工表面中人工建筑的分为非人工表面1,含自然形成的分为非人工表面2。第三层:根据草木情况,将植被1分为耕地、园地,将植被2分为林地、草地;根据形态情况,将非人工表面1中形态高的分为房屋建筑区,形态低的分为道路,根据水路情况,将非人工表面2分为水域与荒漠裸露地表。

一般情况下,耕地的领域知识可以表示为形状规则,纹理均匀、光滑,轮廓明显,园地的领域知识可以表示为行列分布,形状规则,色彩、纹理粗糙、均一,颗粒状纹理。由于自然场景的复杂性,这些知识并不代表所有的地物类型。

4.4　小　　结

本章构建了地理实体知识体系,总结了地理知识、遥感影像特征、影像对象特征、专家知识四类地理实体领域知识;建立了地理实体领域知识的概念本体框架,描述了各类知识的概念本体,同时介绍了特征选择的过程及方法。从概念出发,总结归纳了地表覆盖实体的领域知识,建立了地表覆盖实体的概念本体,为遥感影像分类地理本体建模奠定了基础,有助于客观构建遥感影像分类地理本体模型。

参 考 文 献

[1]孙家波. 基于知识的高分辨率遥感影像耕地自动提取技术研究[博士学位论文]. 北京:中国农业大学,2014.

[2]李双才,孔亚平,符素华. 北京山区植被盖度季节变化规律模拟研究. 北京师范大学学报(自然科学版),2002,38(2):273—278.

[3]Definiens Imaging GmbH. Developer 8 Reference Book. Munich:Definiens Imaging GmbH,2011.

[4]陈静波,刘顺喜,汪承义,等. 基于知识决策树的城市水体提取方法研究. 遥感信息,2013,28(1):29—37.

[5]都金康,黄永胜,冯学智,等. SPOT 卫星影像的水体提取方法及分类研究. 遥感学报,2001,5(3):214—219.

[6]徐涵秋. 一种基于指数的新型遥感建筑用地指数及其生态环境意义. 遥感技术与应用,2007,22(3):301—308.

[7]徐涵秋. 基于谱间特征和归一化指数分析的城市建筑用地信息提取. 地理研究,2005,24(2):311—320.

[8]McFeeters S K. The use of the normalized difference water index(NDWI)in the delineation of open water features. International Journal of Remote Sensing,1996,17(7):1425—1432.

[9]Yang H, Wang Z, Zhao H, et al. Water body extraction methods study based on RS and

GIS. Procedia Environmental Sciences,2011,10(1):2619—2624.

[10]杜清运. 空间信息的语言学特征及其自动理解机制研究[博士学位论文]. 武汉:武汉大学,2001.

[11]李林宜,李德仁. 基于粒子群优化的模糊特征自适应选择方法. 测绘科学技术学报,2011,28(2):121—124.

[12]国务院第一次全国地理国情普查领导小组办公室. 基于遥感影像的地理国情信息提取技术规定,北京,2014.

[13]国务院第一次全国地理国情普查领导小组办公室. 地理国情普查内容与指标(GDPJ 01—2013),北京,2013.

[14]关兴良,方创琳,鲁莎莎. 中国耕地变化的空间格局与重心曲线动态分析. 自然资源学报,2010,25(12):1997—2006.

[15]韦乐章,邓南荣,吴志峰,等. 粤北山区地形因素对耕地分布及其动态变化的影响. 山地学报,2008,26(1):76—83.

[16]吴桂平. 高分辨率遥感图像频谱能量分析与典型地物特征识别研究[博士学位论文]. 南京:南京大学,2011.

[17]徐新良,刘纪远,庄大方,等. 中国林地资源时空动态特征及驱动力分析. 北京林业大学学报,2004,26(1):41—46.

[18]吴朝平,邵景安,黄志霖,等. 基于"二类调查"的三峡库区重点生态恢复县森林资源空间特征的遥感分析. 应用生态学报,2014,25(1):99—110.

[19]苑惠丽,马荣华,李吉英. 一种平原区园地遥感信息提取的新方法. 中国科学院大学学报,2015,32(3):342—348.

[20]江世高. 贺兰山西坡不同草地类型土壤碳特征及固碳潜力[硕士学位论文]. 兰州:兰州大学,2014.

[21]张凤丽,尹球,匡定波,等. 草地光谱分类最佳时相选择分析. 遥感学报,2006,10(4):482—488.

[22]郝中豫,罗名海,肖琨,等. 关于地理国情普查房屋建筑区采集规则的思考. 地理空间信息,2015,2:12—14.

[23]杨发相,桂东伟,岳健,等. 干旱区荒漠分类系统探讨——以新疆为例. 干旱区资源与环境,2015,29(11):145—151.

[24]党伟. 基于遥感和 GIS 的河流湖泊湿地信息提取与分析[硕士学位论文]. 北京:中国地质大学,2008.

[25]阿布都米吉提·阿布力克木,阿里木江·卡斯木,艾里西尔·库尔班,等. 近 40 年台特玛-康拉克湖泊群水域变化遥感监测. 湖泊科学,2014,26(1):46—54.

第5章 遥感影像分类地理本体建模

本章是遥感影像分类地理本体框架"地理实体概念本体描述—遥感影像分类地理本体建模-地理本体驱动的影像对象分类"的第二步,在第4章描述地理实体概念本体的基础上,将本体语义表达式与计算机数据结构相连接,建立一个模拟人类感知过程的理论模式来实现遥感影像的计算机自动分类。首先介绍遥感影像分类本体建模方法与语言,其次通过 OWL 网络本体语言实现遥感影像建模、影像对象特征本体建模、分类器本体建模,最后构建形成语义网络模型,为地理本体驱动的影像对象分类奠定模型基础。

5.1 遥感影像分类本体建模方法

遥感影像分类本体建模遵循 Gruber 于 1995 年提出的五条基本原则:明确性和客观性、完全性、一致性、最小承诺、可扩展性[1]。

遥感影像分类本体建模采用知识工程方法,建模过程如下。

(1)确定应用领域与应用范围。类似于软件工程中的需求分析,主要明确问题类型、前提条件、应用目的等几个基本问题,据此就可以确定地理本体应该包含的概念及其相互关系。

(2)考虑是否可以利用现存的本体。国际上许多机构致力于研究和应用本体,已经出现了一些商用和免费的本体库,可以考虑利用这些本体库,不仅可以缩短开发时间,而且可以节省成本,如 DAML Ontology Library、Ontolingua 和 Wines 等。与本书相关的本体有比较成熟的生态知识科学环境本体(SEEK),地球与环境术语语义网络(SWEET)。

(3)列举重要术语和概念。根据相关要求列出所有词汇,用其来描述类、属性、实例等。

(4)定义类和类的层次结构。定义类的关键是如何进行类的层次结构划分。通常有三种方法:自上而下、自下而上和两种相结合。自上而下是由抽象到具体的过程,先列出通用类,然后逐步细化。自下而上是由具体到抽象的过程,先从具体事物做起,然后逐步向上抽象和概括。两种相结合的方法是从中选取一个一般类,然后不断向上抽象和向下细化。

(5)定义槽。定义槽的过程主要是定义类的内部和外部属性,主要包括函数(Functional)、反函数(Inverse Functional)、传递(Transitive)、对称(Symmetric)、反对称(Asymmetric)、自反(Reflexive)、非自反(Irreflexive)类属性。任意一个类的所有子类都会继承该类的属性。

(6)定义槽的面。利用槽的面进行描述值的类型(Type)、值的范围(Allowed Values)和值的基数(Cardinality)。基数是槽所能允许的值的个数。类型通常有字符串(String)、数值(Number)、枚举(Enumerated)、布尔(Boolean)、实例(Instance)等。值的范围需要和类相对应,从各个方面来描述类。

(7)创建实例。定义某个类的实例需要:确定一个类、创建该类的一个实例、添加这个类的属性值。

(8)验证。根据地理本体构建的原则,利用本体开发工具对建立的地理本体进行语法检验、一致性检验等,保证地理本体构建的正确性与有效性。

5.2　遥感影像分类本体建模语言

本书采用 OWL 与 SWRL 语言,介绍如下。

1)OWL 介绍

OWL(ontology Web language)是 W3C 推荐的网络本体语言,由 DAML＋OIL 发展而来。OWL 有个体(Individual)、属性(Property)和类(Class)(http://www.w3.org/TR)。

个体即实例(Instance),代表领域中感兴趣的对象。OWL 必须明确表达个体之间是否相同。个体关系包括相同(sameAs)、不同(differentFrom、allDifferent)等。

属性表示关系,包括两个主要属性:对象属性与数据类型属性。对象属性表示两个个体之间的关系,如层次(subPropertyOf)、等价(Equivalent)、函数(Functional)、反函数(Inverse Functional)、传递(Transitive)、对称(Symmetric)、反对称(Asymmetric)、自反(Reflexive)、非自反(Irreflexive)等属性关系。对象属性即 Protégé 中槽(Slot)的概念,相当于描述逻辑中的角色(Role),UML 中的关系(Relation)。对象属性具有应用领域(Domains)及范围(Ranges),数据类型属性包括 integer、double、float 等。

类表示个体的集合,OWL 通过限制对属性加以约束来定义新类,限制性的原语包括全部取值于(allVaulesFrom)、部分取值于(allVaulesFrom)、拥有属性值(hasValue)、最小基数(minCardinality)、最大基数(maxCardinality)、基数(Cardinality)等。类关系包括层次(subClassof)、等价(equivalentClass)、互斥(disjointWith)等。

OWL 使用形式化方法精确描述该类中成员的必备条件。OWL-DL 的一个重要特征就是父类和子类之间的包含关系可以利用推理机进行自动推理。

2)SWRL 介绍

SWRL 是由 OWL 子语言 OWL-DL 与 OWL Lite,以及 Unary/Binay Datalog RuleML 为基础的规则描述语言,其目的是为了驱使 Horn-like 规则与 OWL 知识库产生结合。SWRL 综合了规则和本体论,可以直接利用本体进行描述[2]。

在 SWRL 规范中定义了 SWRL 的 schema,主要是提供规则定义的规范,帮助用户定义规则。主要分为四个部分:Imp、Atom、Variable 和 Built-in。SWRL 的语言架构如图 5-1 所示。

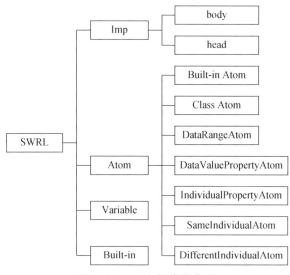

图 5-1　SWRL 语言架构图

其中,Imp 包括 body 和 head,body 是达到该推论的条件,head 是记录这条规则欲推理的结果,head 和 body 所使用的 instance 是由 Atom 或 Variable 这两类提供的。通过这些 Atom 可将其组合成规则,在 Atom 中所使用的变量是 Variable 类的 instance,这些变量可以再通过 SameAs 对应到本体论中的资源。

Built-in 是 SWRL 模块化的组件,借鉴了 XQuery 和 XPath 中的 Built-ins,可以进一步扩展,与其他格式的语言或架构整合。Built-in 类型主要包括比较、数学、布尔、字符串、时间、统一资源标识符、列表等类型(http://www.w3.org/Submission/2004/SUBM-SWRL-20040521)。

5.3 遥感影像本体建模

5.3.1 遥感影像源数据

遥感影像源数据主要包括内容信息、空间表示信息、数据质量信息、获取信息等，利用 UML 统一建模语言描述遥感影像源数据，如图 5-2 所示。

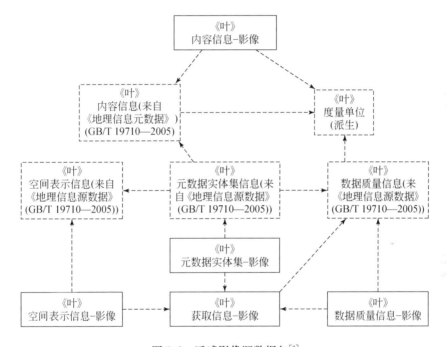

图 5-2 遥感影像源数据包[3]

其中，影像内容信息 UML 如图 5-3 所示。

（1）MI_Band（MI_波段）是 MD_Band（MD_波段）的指定子类，定义了影像和格网数据集中单个波段的附加属性。

（2）MI_ImageDescription（MI_影像说明）是 MD_ImageDescription（MD_影像说明）的指定子类，用于聚合 MI_RangeElementDescription（MI_范围元素说明）。

（3）MI_CoverageDescription（MI_覆盖数据说明）是 MD_CoverageDescription 的指定子类，用于聚合 MI_RangeElementDescription。

（4）MI_RangeElementDescription 用于提供覆盖数据集范围元素的识别。

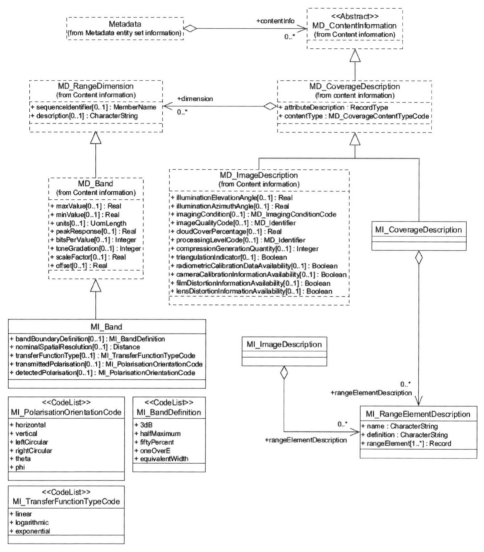

图 5-3　影像内容信息 UML[3]

5.3.2　遥感影像本体建模

在了解遥感影像源数据的基础上,基于遥感影像概念模型,利用 OWL 对遥感影像进行本体建模。根据地理本体构建的一般步骤,遥感影像本体构建如下。

(1)列出重要术语和概念:卫星(Satellite)、传感器(Sensor)、影像(Image)、空间分辨率(Spatial_resolution)、光谱分辨率(Spectral_resolution)等。

(2)定义类(Class)和类的层次结构(Hierarchy):采用自上而下的方法定义光

谱分辨率,分为可见光(visible)与红外(infrared),可见光分为蓝(Blue)、绿(Green)、红(Red),红外分为近红外(Near_infrared)、远红外(Far_infrared)、热红外(Thermic_infrared)。

(3)定义槽,包括属于(Associated_to)、来自波段(from_Band)、来自卫星影像(from_Satellite)、来自传感器(from_Sensor)、具有空间分辨率(has_Spatial_Resolution)、具有光谱分辨率(has_Spectral_Resolution)等。

(4)定义槽的面。槽的值域与范围如表 5-1 所示。

表 5-1　槽的值域与范围

槽	值域	范围
属于(associated_to)	Region	Image
来自波段(from_Band)	Image	
来自卫星影像(from_Satellite)	Sensor	Satellite
来自传感器(from_Sensor)	—	Sensor
具有空间分辨率(has_Spatial_Resolution)	—	Spatial_Resolution
具有光谱分辨率(has_Spectral_Resolution)	—	Spectral_Resolution

遥感影像 OWL 本体表示如下。

```
<!--Classes 类,如 Image 、Satellite 、Blue 、Green 等-->

<!--http://www.semanticweb.org/ontologies/2009/11/Ontology1260960502639.owl #
Image -->
< owl:Class
rdf:about= "http://www.semanticweb.org/ontologies/2009/11/Ontology12609605
02639.owl# Image"/>


<!--http://www.semanticweb.org/ontologies/2009/11/Ontology1260960502639.
owl# Satellite-->
< owl:Class
rdf:about= "http://www.semanticweb.org/ontologies/2009/11/Ontology12609605
02639.owl# Satellite"/>


<!--http://www.semanticweb.org/ontologies/2009/11/Ontology1260960502639.
owl# Blue-->
```

```
< owl:Class
rdf:about= "http://www. semanticweb. org/ontologies/2009/11/Ontology12609605
02639. owl# Blue">
    < rdfs:subClassOf
rdf:resource= "http://www. semanticweb. org/ontologies/2009/11/Ontology1260
960502639. owl# Visible"/>
    < /owl:Class>
    <!--http://www. semanticweb. org/ontologies/2009/11/Ontology1260960502639.
owl# Green-->
    < owl :Class
rdf:about= "http://www. semanticweb. org/ontologies/2009/11/Ontology12609605
02639. owl# Green">
          < rdfs:subClassOf
rdf:resource= "http://www. semanticweb. org/ontologies/2009/11/Ontology1
260960502639. owl# Visible"/>
    < /owl:Class>


    <!--
http://www. semanticweb. org/ontologies/2009/11/Ontology1260960502639. owl# Sp
ectral_resolution-->
    < owl:Class
rdf:about= "http://www. semanticweb. org/ontologies/2009/11/Ontology12609605
02639. owl# Spectral_Resolution">
          < rdfs:label> Spectral_Resolution< /rdfs:label>
    < /owl:Class>


    <!--Object Properties 对象属性,如 Associated_to 、from_Band 、from_Satellite
等-->
    <!--
http://www. semanticweb. org/ontologies/2009/11/Ontology1260960502639. owl# A
ssociated_to-->
    < owl:ObjectProperty
rdf:about= "http://www. semanticweb. org/ontologies/2009/11/Ontology12609605
02639. owl# Associated_to">
          < rdfs:range
rdf:resource= "http://www. semanticweb. org/ontologies/2009/11/Ontology12609
```

```
60502639. owl# Image"/>
        < rdfs:domain
rdf:resource= "http://www. semanticweb. org/ontologies/2009/11/Ontology12609
60502639. owl# Region"/>
    < /owl:ObjectProperty>


    <!--http://www. semanticweb. org/ontologies/2009/11/Ontology1260960502639.
owl# from_Band-->
    < owl:ObjectProperty
rdf:about= "http://www. semanticweb. org/ontologies/2009/11/Ontology12609605
02639. owl# from_Band">
        < rdfs:domain
rdf:resource= "http://www. semanticweb. org/ontologies/2009/11/Ontology12609
60502639. owl# Image"/>
    < /owl:ObjectProperty>


    <!--
http://www. semanticweb. org/ontologies/2009/11/Ontology1260960502639. owl# fr
om_satellite-->
    < owl:ObjectProperty
rdf:about= "http://www. semanticweb. org/ontologies/2009/11/Ontology12609605
02639. owl# from_Satellite">
        < rdfs:range
rdf:resource= "http://www. semanticweb. org/ontologies/2009/11/Ontology12609
60502639. owl# Satellite"/>
        < rdfs:domain
rdf:resource= "http://www. semanticweb. org/ontologies/2009/11/Ontology12609
60502639. owl# Sensor"/>
        < rdfs:subPropertyOf rdf:resource= "&owl;topObjectProperty"/>
    < /owl:ObjectProperty>


    <!--http://www. semanticweb. org/ontologies/2009/11/Ontology1260960502639.
owl# from_Sensor-->
    < owl:ObjectProperty
rdf:about= "http://www. semanticweb. org/ontologies/2009/11/Ontology12609605
02639. owl# from_Sensor">
```

```
        < rdfs:range
rdf:resource= "http://www.semanticweb.org/ontologies/2009/11/Ontology12609
60502639.owl# Sensor"/>
        < rdfs:subPropertyOf rdf:resource= "&owl;topObjectProperty"/>
    < /owl:ObjectProperty>


    <!--
http://www.semanticweb.org/ontologies/2009/11/Ontology1260960502639.owl# h
as_Spatial_resolution-->
    < owl:ObjectProperty
rdf:about= "http://www.semanticweb.org/ontologies/2009/11/Ontology12609605
02639.owl# has_Spatial_Resolution">
        < rdfs:range
rdf:resource= "http://www.semanticweb.org/ontologies/2009/11/Ontology12609
60502639.owl# Spatial_Resolution"/>
        < rdfs:subPropertyOf rdf:resource= "&owl;topObjectProperty"/>
    < /owl:ObjectProperty>
```

5.4 影像对象特征本体建模

本节基于影像对象概念本体,利用 OWL 对影像对象特征进行本体建模,主要是定义影像对象的特征及其类型。

本节采用自上而下的方法定义影像对象特征,分为七大类:图层特征(Layer-Feature)、几何特征(GeoFeature)、位置特征(StationFeature)、纹理特征(TextureFeatue)、类相关特征(ClassRelated)、场景特征(SceneFeature)、专题指数(ThematicIndex)等。每一类往下继续细分,如纹理特征分为基于子对象的层值纹理(LayerTexture)、基于子对象的形状纹理(ShapeTexture)、Haralick 纹理(HaralickTexture),Haralick 纹理细分为 GLCM 同质性(GLCMHom)、GLCM 对比度(GLCMContrast)、GLCM 熵(GLCMEntropy)等,如图 5-4 所示。

影像对象特征的树状图如图 5-5 所示。

影像对象特征 OWL 本体表示如下。

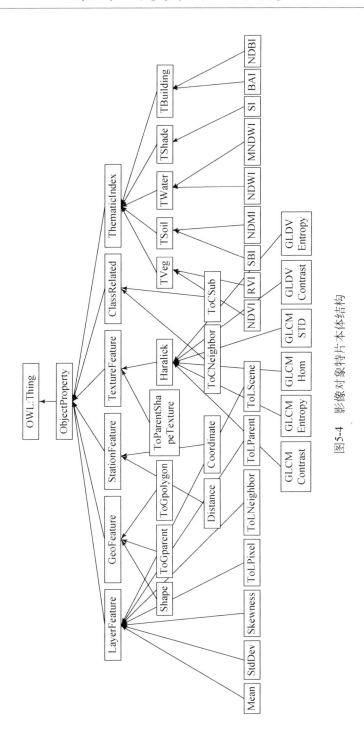

图5-4　影像对象特片本体结构

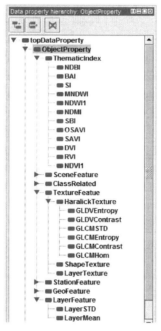

图 5-5　影像对象特征树状图

<!--Data properties 数据属性,如专题指数 ThematicIndex-->

<!--
http://www. semanticweb. org/ontologies/2009/11/Ontology1260960502639.owl# T
hematicIndex-->
　　<owl:DatatypeProperty
rdf:about= "http://www. semanticweb. org/ontologies/2009/11/Ontology12609605
02639. owl# ThematicIndex ">
　　　　< rdfs:subPropertyOf
f:resource= "http://www. semanticweb. org/ontologies/2009/11/Ontology1260960
502639. owl# ObjectProperty"/>
　　　　< rdfs:domain
rdf:resource= "http://www. semanticweb. org/ontologies/2009/11/Ontology12609
60502639. owl# Region"/>
　　　　< rdfs:range rdf:resource= "&xsd;double"/>
　　< /owl:DatatypeProperty>

<!--

```
http://www.semanticweb.org/ontologies/2009/11/Ontology1260960502639.owl# S
AVI-->
    <owl:DatatypeProperty
rdf:about= "http://www.semanticweb.org/ontologies/2009/11/Ontology12609605
02639.owl# SAVI">
        < rdfs:subPropertyOf
    rdf:resource= "http://www.semanticweb.org/ontologies/2009/11/Ontology1
260960502639.owl# ThematicIndex "/>
    < /owl:DatatypeProperty>


<!--
http://www.semanticweb.org/ontologies/2009/11/Ontology1260960502639.owl# N
DBI-->
    < owl:DatatypeProperty
rdf:about= "http://www.semanticweb.org/ontologies/2009/11/Ontology12609605026
39.owl# NDBI">
        < rdfs:subPropertyOf
rdf:resource= "http://www.semanticweb.org/ontologies/2009/11/Ontology12609
60502639.owl# ThematicIndex "/>
    < /owl:DatatypeProperty>
```

5.5　分类器本体建模

遥感影像分类方法主要归纳为统计分析方法、机器学习方法、语义建模方法。其中,机器学习方法包括神经网络、深度学习、决策树、支持向量机等;语义建模方法包括模糊分类、决策规则等。遥感影像分类方法如图 5-6 所示。

各种方法都可以用本体语言进行表达。本书重点利用本体形式化表达决策树与专家规则两种典型方法。利用决策树机器学习方法对影像进行初始分类,得到初始分类结果。在初始分类的基础上,利用专家规则进行语义分类,得到对象的语义信息。

5.5.1　决策树建模

1. 决策树分类器

本书采用了 C4.5 决策树算法,其是由 Quinlan 在 1993 年提出的,是以 ID3 算法为核心的完整的决策树生成算法。

信息增益率定义为:设样本集 S 按离散属性 A 的 n 个不同的取值,划分为 n

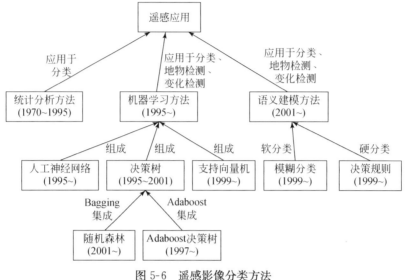

图 5-6 遥感影像分类方法

个子集,则用 A 对 S 进行划分的信息增益率为

$$\text{GainRatio}(S,A) = \frac{\text{Gain}(S,A)}{\text{SplitInformation}(S,A)} \tag{5-1}$$

式中,S 为样本集;A 为属性;$\text{Gain}(S,A)$ 与 ID3 算法中的信息增益相同;$\text{SplitInfomation}(S,A)$表示按照属性 A 分裂样本集 S 的广度和均匀性。

$$\text{SplitInformation}(S,A) = -\sum_{i=1}^{n} \frac{|S_i|}{|S|} \log_2 \left(\frac{|S_i|}{|S|} \right) \tag{5-2}$$

式中,$S_i \sim S_n$是 n 个不同值的属性 A 分割 S 而形成的 n 个样本子集。

此外,C4.5 决策数算法可以处理连续数值型属性,采用了一种后剪枝策略,克服了树的高度无节制增长及过度拟合现象[4]。

基于决策树的语义网络模型构建过程包括决策树生成、决策树剪枝两个阶段,如图 5-7 所示。

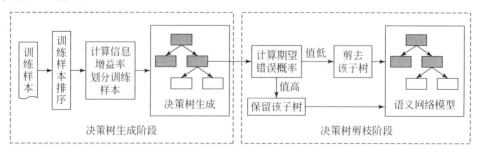

图 5-7 基于 C4.5 决策树算法的语义网络模型构建流程

1)决策树生成阶段

(1)训练样本排序。所有训练样本按照"类别,样本 1 特征,样本 2 特征,…"进行排列。

(2)训练样本划分。计算训练样本各属性的信息增益值及信息增益率,测试属性为信息增益率最大且信息增益不低于所有属性平均值的属性,以该属性作为节点进行分枝,通过循环方式,完成训练样本的划分。

(3)决策树生成。若当前节点的所有训练样本属于一个类别,则该类别标记为叶节点并标记指定属性;以此类推,直到主属性上取值相同,或没有属性可供划分,由此终止树的增长,生成初始决策树。

2)决策树剪枝阶段

计算非叶子节点的子节点被剪枝可能出现的期望错误概率,评估各节点的权重,进行剪枝判断。若剪除该节点使得错误率较高,则保留该子树,否则进行剪枝,最后得到决策树规则模型,此时期望错误率达到最小。

示例如下:

```
NDWI <=    0.6089076996
|   ShapeIndex <=   0.2788448930   -> Build
|   ShapeIndex > 0.2788448930   -> Road
NDWI >   0.6089076996
|   RectFit <= 0.3541857898-> Water
|   RectFit > 0.3541857898-> Vegetation
```

2. 决策树分类器本体建模

利用 OWL 对决策树分类器进行本体建模。根据地理本体构建的一般步骤,决策树分类器本体构建如下。

(1) 列出重要术语和概念。决策树分类器相关术语——决策树(DecisionTree)、根节点(Root)、节点(Node)、叶节点(Leaf)。分类类别相关术语(以地表覆盖为例)——自然地物(Natural)、人造地物(Humanities)、建筑(Build)、道路(Road)、植被(Vegetation)、水体(Water)等。

(2)定义类(Class)和类的层次结构(Hierarchy)。采用自上而下的方法定义分类类别(以地表覆盖为例),分为自然地物(Natural)、人造地物(Humanities)两大类。自然地物(Natural)分为建筑(Build)、道路(Road),人造地物(Humanities)分为植被(Vegetation)、水体(Water)。

(3)定义槽。包括大于(GreaterThan)、大于或等于(GreaterThanOrEqual)、小于(LessThan)、小于或等于(LessThanOrEqual)等。

(4) 创建实例。创建个体 Node1、Node2、Node3、Node4、Node5、Node6、

Node7，个体本体表达结构如图 5-8 所示。

```
Individual: Node1
  Types:
        Root
  Facts:
        GreaterThan  Node2,
        LessThanOrEqual  Node3,
        stddev   23.45
Individual: Node2
  Types:
        Node
  Facts:
        GreaterThan  Node4,
        LessThanOrEqual  Node5,
        Mean   116.5
Individual: Node3
  Types:
        Node
  Facts:
        GreaterThan  Node6,
        LessThanOrEqual  Node7,
        GLCU   9.8
Individual: Node4
  Types:
        Water
Individual: Node5
  Types:
        Vegetable
Individual: Node6
  Types:
        Road
Individual: Node7
  Types:
        Building
```

图 5-8　个体本体表达结构

决策树分类器的本体模型如图 5-9 所示。

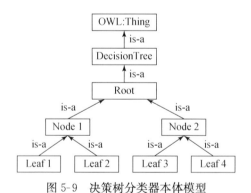

图 5-9　决策树分类器本体模型

决策树分类器 OWL 本体表示如下。

```
<!-- Individuals 个体，如 Node1、Node2、Node3、Node4、Node5、Node6、Node7-->


<!--
http://www.semanticweb.org/ontologies/2009/11/Ontology1260960502639.owl# N
```

```
ode1-->
        < owl:Thing
rdf:about= "http://www.semanticweb.org/ontologies/2009/11/Ontology12609605
02639.owl# Node1">
            < rdf:type
rdf:resource= "http://www.semanticweb.org/ontologies/2009/11/Ontology12609
60502639.owl# Node"/>
            < rdf:type
rdf:resource= "http://www.semanticweb.org/ontologies/2009/11/Ontology12609
60502639.owl# Root"/>
            < rdf:type rdf:resource= "&owl;NamedIndividual"/>
            < NDWI rdf:datatype= "&xsd;double"> 0.61< /NDWI>
            < LessThanOrEqual
rdf:resource= "http://www.semanticweb.org/ontologies/2009/11/Ontology12609
60502639.owl# Node2"/>
            < GreaterThan
rdf:resource= "http://www.semanticweb.org/ontologies/2009/11/Ontology12609
60502639.owl# Node3"/>
        < /owl:Thing>

        <!--
http://www.semanticweb.org/ontologies/2009/11/Ontology1260960502639.owl# N
ode2-->
        < owl:Thing
rdf:about= "http://www.semanticweb.org/ontologies/2009/11/Ontology12609605
02639.owl# Node2">
            < rdf:type
rdf:resource= "http://www.semanticweb.org/ontologies/2009/11/Ontology12609
60502639.owl# Node"/>
            < rdf:type rdf:resource= "&owl;NamedIndividual"/>
            < ShapeIndex rdf:datatype= "&xsd;double"> 0.28< /ShapeIndex>
            < LessThanOrEqual
rdf:resource= "http://www.semanticweb.org/ontologies/2009/11/Ontology12609
60502639.owl# Node4"/>
            < GreaterThan
rdf:resource= "http://www.semanticweb.org/ontologies/2009/11/Ontology12609
60502639.owl# Node5"/>
        < /owl:Thing>
```

```
        <!--
http://www. semanticweb. org/ontologies/2009/11/Ontology1260960502639. owl# N
ode3-->
        < owl:Thing
rdf:about= "http://www. semanticweb. org/ontologies/2009/11/Ontology12609605
02639. owl# Node3">
            < rdf:type
rdf:resource= "http://www. semanticweb. org/ontologies/2009/11/Ontology12609
60502639. owl# Node"/>
            < rdf:type rdf:resource= "&owl;NamedIndividual"/>
            < RectFit rdf:datatype= "&xsd;double"> 0. 35< /RectFit>
            < LessThanOrEqual
rdf:resource= "http://www. semanticweb. org/ontologies/2009/11/Ontology12609
60502639. owl# Node6"/>
            < GreaterThan
rdf:resource= "http://www. semanticweb. org/ontologies/2009/11/Ontology12609
60502639. owl# Node7"/>
        < /owl:Thing>


        <!--
http://www. semanticweb. org/ontologies/2009/11/Ontology1260960502639. owl# No
de4-->
        < owl:Thing
rdf:about= "http://www. semanticweb. org/ontologies/2009/11/Ontology12609605
02639. owl# Node4">
            < rdf:type
rdf:resource= "http://www. semanticweb. org/ontologies/2009/11/Ontology12609
60502639. owl# Build"/>
            < rdf:type
rdf:resource= "http://www. semanticweb. org/ontologies/2009/11/Ontology12609
60502639. owl# Leaf"/>
            < rdf:type rdf:resource= "&owl;NamedIndividual"/>
        < /owl:Thing>


        <!--
http://www. semanticweb. org/ontologies/2009/11/Ontology1260960502639. owl# N
ode5-->
```

```
        < owl:Thing
rdf:about= "http://www. semanticweb. org/ontologies/2009/11/Ontology12609605
02639. owl# Node5">
            < rdf:type
rdf:resource= "http://www. semanticweb. org/ontologies/2009/11/Ontology12609
60502639. owl# Leaf"/>
            < rdf:type
rdf:resource= "http://www. semanticweb. org/ontologies/2009/11/Ontology12609
60502639. owl# Road"/>
            < rdf:type rdf:resource= "&owl;NamedIndividual"/>
        < /owl:Thing>


        <!--
http://www. semanticweb. org/ontologies/2009/11/Ontology1260960502639. owl# N
ode6-->
        < owl:Thing
rdf:about= "http://www. semanticweb. org/ontologies/2009/11/Ontology12609605
02639. owl# Node6">
            < rdf:type
rdf:resource= "http://www. semanticweb. org/ontologies/2009/11/Ontology12609
60502639. owl# Leaf"/>
            < rdf:type
rdf:resource= "http://www. semanticweb. org/ontologies/2009/11/Ontology12609
60502639. owl# Water"/>
            < rdf:type rdf:resource= "&owl;NamedIndividual"/>
        < /owl:Thing>


        <!--
http://www. semanticweb. org/ontologies/2009/11/Ontology1260960502639. owl# N
ode7-->
        < owl:Thing
rdf:about= "http://www. semanticweb. org/ontologies/2009/11/Ontology12609605
02639. owl# Node7">
            < rdf:type
rdf:resource= "http://www. semanticweb. org/ontologies/2009/11/Ontology12609
60502639. owl# Leaf"/>
            < rdf:type
rdf:resource= "http://www. semanticweb. org/ontologies/2009/11/Ontology12609
```

```
60502639.owl# Vegetation"/>
        < rdf:type rdf:resource= "&owl;NamedIndividual"/>
    < /owl:Thing>
```

5.5.2　专家规则建模

专家规则建模过程包括构建标记规则、构建专家规则两个过程。根据语义概念构建标记规则,该过程是从低级特征到语义概念的过程。根据标记规则,利用专家先验知识得到专家规则,根据专家规则,利用 XQuery 语言查询本体文件中对应的规则进行分类,该过程是从高级特征到识别地表覆盖结构的过程。

利用 SWRL 对标记规则与专家规则分别进行表达。

1)标记规则表示

```
RectFit(?x,?y),greaterThanOrEqual(?y,0.5)-> Regular(?x)
LengthWidthRatio(?x,?y),greaterThanOrEqual(?y,1)-> Strip(?x)
```

其意思是,矩形拟合度大于 0.5 的为规则形状,长宽比大于 1 的为带状。

2)专家规则表示

```
Regular(?x),Strip(?x)-> Road(?x)
```

其意思是,具备规则、带状性质的为道路。

其中,C(?x)表示?x 是类别 C 的个体,P(?x,?y)表示属性,x、y 为变量。

下面是利用 SWRL 表达专家规则。

```
<!--// Rules,利用 SWRL 表达专家规则   -->
< rdf:Description rdf:about= "urn:swrl# x">
    < rdf:type rdf:resource= "&swrl;Variable"/>
  < /rdf:Description>
  < rdf :Description rdf:about= "urn:swrl# y">
    < rdf:type rdf:resource= "&swrl;Variable"/>
  < /rdf:Description>
  < rdf :Description>
    < rdf:type rdf:resource= "&swrl;Imp"/>
    < swrl:head>
      < rdf:Description>
        < rdf:type rdf:resource= "&swrl;AtomList"/>
        < rdf:rest rdf:resource= "&rdf;nil"/>
        < rdf:first>
          < rdf:Description>
            < rdf:type rdf:resource= "&swrl;ClassAtom"/>
```

```
                                    < swrl:classPredicate
rdf:resource= "http://www.semanticweb.org/ontologies/2009/11/Ontology12609
60502639.owl# Planar"/>
                                    < swrl:argument1 rdf:resource= "urn:swrl# x"/>
                        < /rdf:Description>
                    < /rdf:first>
                < /rdf:Description>
            < /swrl:head>
            < swrl:body>
                < rdf:Description>
                    < rdf:type rdf:resource= "&swrl;AtomList"/>
                    < rdf:rest>
                        < rdf:Description>
                            < rdf:type rdf:resource= "&swrl;AtomList"/>
                            < rdf:rest rdf:resource= "&rdf;nil"/>
                            < rdf:first>
                                < rdf:Description>
                                    < rdf:type rdf:resource= "&swrl;BuiltinA
tom"/>
                                    < swrl:builtin rdf:resource= "&swrlb;les
sThan"/>
                                    < swrl:arguments>
                                        < rdf:Description>
                                            < rdf:type rdf:resource= "&rd
f;List"/>
                                            < rdf:first rdf:resource= "ur
n:swrl# y"/>
                                            < rdf :rest>
                                                < rdf:Description>
                                                    < rdf:type
rdf:resource= "&rdf;List"/>
                                                    < rdf:first
rdf:datatype= "&xsd;integer"> 1< /rdf:first>
                                                    < rdf:rest
```

```
rdf:resource= "&rdf;nil"/>
                                        < /rdf:Description>
                                   < /rdf:rest>
                              < /rdf:Description>
                         < /swrl:arguments>
                    < /rdf:Description>
               < /rdf:first>
          < /rdf:Description>
     < /rdf:rest>
     < rdf:first>
          < rdf:Description>
               < rdf:type rdf:resource= "&swrl;DatavaluedProp-
ertyAtom"/>
               < swrl:propertyPredicate
rdf:resource= "http://www. semanticweb. org/ontologies/2009/11/Ontology12609
60502639. owl# LengthWidthRatio"/>
                    < swrl:argument1 rdf:resource= "urn:swrl# x"/>
                    < swrl:argument2 rdf:resource= "urn:swrl# y"/>
               < /rdf:Description>
          < /rdf:first>
     < /rdf:Description>
     < /swrl:body>
< /rdf:Description>
< /rdf:RDF>
```

5.6　语义网络模型

在遥感影像建模、影像对象特征本体建模、分类器本体建模的基础上,构建语义网络模型,如图 5-10 所示。

语义网络模型 OWL 文件包括文件头、对象属性、数据属性、类、个体、规则等信息,表达如下。

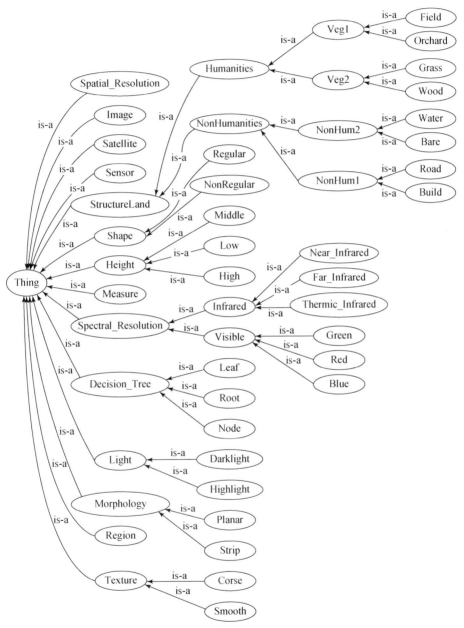

图 5-10　语义网络模型

<!--OWL 文件头-->

< ? xml version= "1.0"? >

< ! DOCTYPE rdf:RDF[

```
        < ! ENTITY owl "http://www.w3.org/2002/07/owl# " >
        < ! ENTITY swrl "http://www.w3.org/2003/11/swrl# " >
        < ! ENTITY swrlb "http://www.w3.org/2003/11/swrlb# " >
        < ! ENTITY xsd "http://www.w3.org/2001/XMLSchema# " >
        < ! ENTITYowl2xml "http://www.w3.org/2006/12/owl- xml# " >
        < ! ENTITY rdfs "http://www.w3.org/2000/01/rdf- schema# " >
        < ! ENTITY rdf "http://www.w3.org/1999/02/22- rdf- syntax- ns# " >
    ]>
    < rdf:RDF
xmlns= "http://www.semanticweb.org/ontologies/2009/11/Ontology1260960502639.owl# "
xml:base= "http://www.semanticweb.org/ontologies/2009/11/Ontology1260960502639.owl"
        xmlns:rdfs= "http://www.w3.org/2000/01/rdf- schema# "
        xmlns:swrl= "http://www.w3.org/2003/11/swrl# "
        xmlns:owl2xml= "http://www.w3.org/2006/12/owl2- xml# "
        xmlns:owl= "http://www.w3.org/2002/07/owl# "
        xmlns:xsd= "http://www.w3.org/2001/XMLSchema# "
        xmlns:swrlb= "http://www.w3.org/2003/11/swrlb# "
        xmlns:rdf= "http://www.w3.org/1999/02/22- rdf- syntax- ns# ">
        < owl:Ontology
rdf:about= "http://www.semanticweb.org/ontologies/2009/11/Ontology1260960502639.owl"/>


        <!--Object Properties 对象属性,如 GreaterThan-->
        <!--
http://www.semanticweb.org/ontologies/2009/11/Ontology1260960502639.owl  #
GreaterThan-->
        < owl:ObjectProperty
rdf:about= "http://www.semanticweb.org/ontologies/2009/11/Ontology1260960502639.owl# GreaterThan">
            < rdfs:subPropertyOf rdf:resource= "&owl;topObjectProperty"/>
        < /owl:ObjectProperty>
        <!--
http://www.semanticweb.org/ontologies/2009/11/Ontology1260960502639.owl  #
Entropy -->


        <!--Data Properties 数据属性,如 Entropy 纹理特征-->
```

```
< owl:DatatypeProperty
rdf:about= "http://www.semanticweb.org/ontologies/2009/11/Ontology12609605
02639.owl# Entropy">
        < rdfs:subPropertyOf
rdf:resource= "http://www.semanticweb.org/ontologies/2009/11/Ontology12609
60502639.owl# Land_RegionProperty"/>
        < rdfs:domain
rdf:resource= "http://www.semanticweb.org/ontologies/2009/11/Ontology126096050263
9.owl# Region"/>
        < rdfs:range rdf:resource= "&xsd;double"/>
    < /owl:DatatypeProperty>

    <!--  Classes 类,如道路 Road、水体 Water-->
    <!--
http://www.semanticweb.org/ontologies/2009/11/Ontology1260960502639.owl  #
Road-->
    < owl:Class
rdf:about= "http://www.semanticweb.org/ontologies/2009/11/Ontology12609605
02639.owl# Road">
        < rdfs:subClassOf
rdf:resource= "http://www.semanticweb.org/ontologies/2009/11/Ontology12609
60502639.owl# Humanities"/>
    < /owl:Class>
    <!--
http://www.semanticweb.org/ontologies/2009/11/Ontology1260960502639.owl  #
Water-->
    < owl:Class
rdf:about= "http://www.semanticweb.org/ontologies/2009/11/Ontology12609605
02639.owl# Water">
        < rdfs:subClassOf
rdf:resource= "http://www.semanticweb.org/ontologies/2009/11/Ontology12609
60502639.owl# Natural"/>
    < /owl:Class>
    <!--Individuals 个体,如决策树节点的特征及值,某一对象 region0 及特征
(MeanB1、MeanB4、EntropyB6 等)-->
    <!--
http://www.semanticweb.org/ontologies/2009/11/Ontology1260960502639.owl  #
Node1-->
```

```
        < owl:Thing
rdf:about= "http://www. semanticweb. org/ontologies/2009/11/Ontology12609605
02639. owl# Node1">
           < rdf:type
rdf:resource= "http://www. semanticweb. org/ontologies/2009/11/Ontology12609
60502639. owl# Node"/>
           < rdf:type
rdf:resource= "http://www. semanticweb. org/ontologies/2009/11/Ontology12609
60502639. owl# Root"/>
           < rdf:type rdf:resource= "&owl;NamedIndividual"/>
           < NDWI rdf:datatype= "&xsd;double"> 0. 61< /NDWI>
           < LessThanOrEqual
rdf:resource= "http://www. semanticweb. org/ontologies/2009/11/Ontology12609
60502639. owl# Node2"/>
           < GreaterThan
rdf:resource= "http://www. semanticweb. org/ontologies/2009/11/Ontology12609
60502639. owl# Node3"/>
        < /owl:Thing>


        <!--
http://www. semanticweb. org/ontologies/2009/11/Ontology1260960502639. owl  #
region0-->
        < owl:Thing
rdf:about= "http://www. semanticweb. org/ontologies/2009/11/Ontology12609605
02639. owl# region0">
           < rdf:type
rdf:resource= "http://www. semanticweb. org/ontologies/2009/11/Ontology12609
60502639. owl# Region"/>
           < rdf:type
rdf:resource= "http://www. semanticweb. org/ontologies/2009/11/Ontology12609
60502639. owl# Vegetation"/>
           < rdf:type
rdf:resource= "&owl;NamedIndividual"/>
           < NDVI rdf:datatype= "&xsd;double"> 0. 0< /NDVI>
           < RegNum rdf:datatype= "&xsd;double"> 0. 0< /RegNum>
           < MeanB1 rdf:datatype= "&xsd;double"> 0. 02321181< /MeanB1>
           < MeanB4 rdf:datatype= "&xsd;double"> 0. 03052111< /MeanB4>
           < MeanB2 rdf:datatype= "&xsd;double"> 0. 05173965< /MeanB2>
```

```
        < EntropyB6 rdf:datatype= "&xsd;double"> 0.06382517< /EntropyB6>
        < EntropyB2 rdf:datatype= "&xsd;double"> 0.08760998< /EntropyB2>
        < EntropyB4 rdf:datatype= "&xsd;double"> 0.09576899< /EntropyB4>
        < EntropyB1 rdf:datatype= "&xsd;double"> 0.09582274< /EntropyB1>
        < HomoB6 rdf:datatype= "&xsd;double"> 0.124406< /HomoB6>
        < HomoB4 rdf:datatype= "&xsd;double"> 0.1379949< /HomoB4>
        < HomoB2 rdf:datatype= "&xsd;double"> 0.14273< /HomoB2>
        < HomoB1 rdf:datatype= "&xsd;double"> 0.1447613< /HomoB1>
        < Length rdf:datatype= "&xsd;double"> 0.1672932< /Length>
        < PerAreaRatio rdf:datatype= "&xsd;double"> 0.175329< /PerAreaR
atio>

        < Width rdf:datatype= "&xsd;double"> 0.2128852< /Width>
        < RatioB4 rdf:datatype= "&xsd;double"> 0.2135688< /RatioB4>
        < RatioB2 rdf:datatype= "&xsd;double"> 0.2930866< /RatioB2>
        < RatioB1 rdf:datatype= "&xsd;double"> 0.3621095< /RatioB1>
        < StdB2 rdf:datatype= "&xsd;double"> 0.3959919< /StdB2>
        < RectFit rdf:datatype= "&xsd;double"> 0.4188351< /RectFit>
        < ShapeIndex rdf:datatype= "&xsd;double"> 0.4215007< /ShapeIndex>
        < StdB4 rdf:datatype= "&xsd;double"> 0.434339< /StdB4>
        < MeanB6 rdf:datatype= "&xsd;double"> 0.4585925< /MeanB6>
        < StdB1 rdf:datatype= "&xsd;double"> 0.4955455< /StdB1>
        < FractralDimension
rdf:datatype= "&xsd;double"> 0.5182983< /FractralDimension>
        < RatioB6 rdf:datatype= "&xsd;double"> 0.6212889< /RatioB6>
        < StdB6 rdf:datatype= "&xsd;double"> 0.7742852< /StdB6>
        < LengthWidthRatio
rdf:datatype= "&xsd;double"> 0.785837625< /LengthWidthRatio>
        < NDWI rdf:datatype= "&xsd;double"> 0.9348087< /NDWI>
    < /owl:Thing>


    <!--// Rules,利用 SWRL 表达专家规则-->
    < rdf:Description rdf:about= "urn:swrl# x">
        < rdf:type rdf:resource= "&swrl;Variable"/>
    < /rdf:Description>
    < rdf:Description rdf:about= "urn:swrl# y">
        < rdf:type rdf:resource= "&swrl;Variable"/>
    < /rdf:Description>
    < rdf:Description>
```

```
< rdf:type rdf:resource= "&swrl;Imp"/>
< swrl:head>
    < rdf:Description>
        < rdf:type rdf:resource= "&swrl;AtomList"/>
        < rdf:rest rdf:resource= "&rdf;nil"/>
        < rdf:first>
            < rdf:Description>
                < rdf:type rdf:resource= "&swrl;ClassAtom"/>
                < swrl:classPredicate
rdf:resource= "http://www.semanticweb.org/ontologies/2009/11/Ontology12609
60502639.owl# Planar"/>
                < swrl:argument1 rdf:resource= "urn:swrl# x"/>
            < /rdf:Description>
        < /rdf:first>
    < /rdf:Description>
< /swrl:head>
< swrl:body>
    < rdf:Description>
        < rdf:type rdf:resource= "&swrl;AtomList"/>
        < rdf:rest>
            < rdf:Description>
                < rdf:type rdf:resource= "&swrl;AtomList"/>
                < rdf:rest rdf:resource= "&rdf;nil"/>
                < rdf:first>
                    < rdf:Description>
                        < rdf:type rdf:resource= "&swrl;BuiltinAtom"/>
                        < swrl:builtin rdf:resource= "&swrlb;lessThan"/>
                        < swrl:arguments>
                            < rdf:Description>
                                < rdf:type rdf:resource= "&rdf;Lis
t"/>
                                < rdf:first rdf:resource= "urn:swrl
# y"/>
                                < rdf:rest>
                                    < rdf:Description>
                                        < rdf:type
rdf:resource= "&rdf;List"/>
                                        < rdf:first
```

```
rdf:datatype= "&xsd;integer"> 1< /rdf:first>
                                              < rdf:rest
rdf:resource= "&rdf;nil"/>
                                     < /rdf:Description>
                                   < /rdf:rest>
                               < /rdf:Description>
                            < /swrl:arguments>
                          < /rdf:Description>
                       < /rdf:first>
                     < /rdf:Description>
                  < /rdf:rest>
                  < rdf:first>
                     < rdf:Description>
                        < rdf:type rdf:resource= " &swrl;DatavaluedProp-
ertyAtom"/>
                        < swrl:propertyPredicate
rdf:resource= "http://www.semanticweb.org/ontologies/2009/11/Ontology12609
60502639.owl# LengthWidthRatio"/>
                        < swrl:argument1 rdf:resource= "urn:swrl# x"/>
                        < swrl:argument2 rdf:resource= "urn:swrl# y"/>
                     < /rdf:Description>
                  < /rdf:first>
               < /rdf:Description>
            < /swrl:body>
         < /rdf:Description>
      < /rdf:RDF>
```

5.7　小　　结

　　本章在第 4 章描述地理实体概念本体的基础上,介绍了遥感影像分类地理本体建模方法与语言,利用 OWL 网络本体语言构建了遥感影像、影像对象、分类器的本体模型。具体给出了决策树及专家规则两种典型分类器的本体模型,利用斯坦福大学开发的 Protégé 本体编辑软件进行了本体模型表达,形式化表达了整个语义网络模型,为后续地理本体驱动的影像对象分类奠定了模型基础。

参 考 文 献

[1] Gruber T. Toward principles for the design of ontologies used for knowledge sharing.

International Journal Human-Computer Studies,1995,43(5,6):907—928.

[2]钱凌. 一个基于本体和规则推理的查询系统的设计与实现[硕士学位论文]. 南京:东南大学,2006.

[3]ISO 19115－2. Geographic information——Metadata——Part 2:Extensions for imagery and gridded data,2009.

[4]王晓海,吴志刚. 数据挖掘:概念、模型、方法和算法. 北京:清华大学出版社,2013.

第 6 章　GEOBIA 影像对象分类方法

本章是遥感影像分类地理本体框架"地理实体概念本体描述—遥感影像分类地理本体建模—地理本体驱动的影像对象分类"的第三步。本章提出地理本体驱动的影像对象分类方法的四个层次：①影像分类地理本体模型构建；②图论与分形网络演化相结合的遥感影像并行分割；③基于随机森林的特征自动优选；④基于语义网络模型的影像对象语义分类。第一层次是模型基础，第 5 章已经详细介绍，在此不作介绍。

6.1　图论与分形网络演化相结合的并行分割

图论与分形网络演化相结合的遥感影像并行分割是地理本体驱动的影像对象分类方法的第二个层次。

影像分割是 GEOBIA 的基础与关键步骤，通过分割方法将影像分为同质性对象。该对象是信息的载体，对其提取的特征是建立语义模型进行对象分类识别的基础。

目前有上千种分割方法，众多方法在医学、通信中得到广泛应用，但大多数方法不能应用于遥感影像，主要原因是：①多光谱与多尺度数据的增加，对算法的复杂性、冗余性、可靠性提出了更高的要求；②大量的辅助数据（GIS 信息）加入处理过程中，需要考虑 GIS 数据参与分割；③与其他应用相比，遥感影像分割必须充分考虑异质性对象的形状、光谱、纹理等特征；④遥感影像具有尺度特征，需要用恰当的尺度来描述影像对象。因此，多源、多方法、多尺度的分割模型成为遥感影像分割研究的主要目标[1,2]。

随着高分辨率遥感影像的发展，出现了分形网络演化、分水岭、统计区域增长、水平集、均值漂移、最小熵等分割算法[3~6]。针对人为反复调整分割参数的问题，出现了遗传算法等自动化确定分割参数的方法，如奥地利萨尔茨堡大学地理信息中心研究团队，基于 eCognition 软件及对象的局部方差理论，开发了确定尺度参数的工具 ESP，为影像分割及面向对象应用提供了稳健的尺度参数工具[7]。针对分割算法的优劣问题，出现了评价分割效果的方法，主要分为两类：分析方法、经验方法[8,9]，前者是分析算法本身，如分析分割参数、异质性准则；后者是评价应用分割算法得到的分割结果来评价分割算法。经验方法又可分为直接评价和间接评价。直接评价是根据认知的直觉，按照好的分割结果应该符合的一些特征构造出一系列参数，如颜色一致性、对象内部一致性、对象之间的异质性、对象形状等，对分割结果计算出相关参数值,进行结果评价。间接评价是将分割结果与参考分割结果进行比较,求得其差异量。Neubert 等开发了评价分割质量的网站[10]。针对大数据量分割问题,采用并行计算等技术解决大数量分割,提高分割速度。

6.1.1 算法原理

本方法综合利用了图论和分形网络演化算法,利用图论进行初始分割,将影像分割问题转为图论中的最优化问题,提高初始分割的速度[11,12],利用分形网络演化算法进行多尺度分割、区域合并。该算法主要包括基于图论的初始分割、基于分形网络演化的多尺度分割、合并对象的异质性计算。

1)基于图论的初始分割算法

基于图论的分割方法,通常将影像视为无向加权图 $G=(V,E)$,其中每个节点 $v_i \in V$ 代表影像中的像素,每条边 $(v_i,v_j) \in E$ 连接相邻的像素对。每条边根据相邻像素 v_i 和 v_j 的相异度(如亮度、颜色、位置、局部特征的差异)来设置一个非负的权重 $\omega((v_i,v_j))$。通过某种分割准则 D,构造最小割集的代价函数对影像进行迭代划分,使得代价函数最小。将 V 划分成多个区域 $C \subseteq V$,形成新的图 $G'=(V,E')$,其中 $E' \subseteq E$。每个区域 C 中的元素相似度大,而不同区域的元素差异度大,也就是说每条边连接的两个节点,如果在同一个区域,则权值较小,如果在不同区域,则权值较大[13]。

分割准则 D 用来评估两个区域是否有边界,Felzenszwalb 等定义了 $C \subseteq V$ 区域内差异度为区域内最小生成树的最大权值[14]:

$$\text{Int}(C) = \max_{e \in \text{MST}(C,E)} \omega(e) \tag{6-1}$$

C_1、$C_2 \subseteq V$ 区域间差异度为连接两区域的边中的最小权值,即

$$\text{Dif}(C_1,C_2) = \min_{v_i \in C_1, v_j \in C_2, (v_i,v_j) \in E} \omega((v_i,v_j)) \tag{6-2}$$

如果没有边连接 C_1 和 C_2,则设置 $\text{Dif}(C_1,C_2)=\infty$。

分割准则 D 如式(6-3)所示:

$$D(C_1,C_2) = \begin{cases} 正确, & \text{Dif}(C_1,C_2) > \text{MInt}(C_1,C_2) \\ 错误, & 其他 \end{cases} \tag{6-3}$$

$$\text{MInt}(C_1,C_2) = \min(\text{Int}(C_1)+\tau(C_1), \text{Int}(C_2)+\tau(C_2)) \tag{6-4}$$

$$\tau(C) = \frac{k}{|C|} \tag{6-5}$$

式中,$|C|$ 表示区域 C 的大小;k 是一个常数。

2)分形网络演化多尺度分割算法[15,16]

相邻对象的异质性因子 f 的计算公式为

$$f = w_{\text{color}} h_{\text{color}} + (1-w_{\text{color}}) h_{\text{shape}} \tag{6-6}$$

式中，w_{color} 表示光谱权重；h_{color} 表示光谱异质性；h_{shape} 表示形状异质性。

　　光谱异质性 h_{color} 是用来表示对象内部各像素之间的光谱差异性，它通过对象各个波段光谱值标准差的加权和来表示：

$$h_{color} = \sum_{c=1}^{N} w_c \, \sigma_c, \quad h_{color} = \sum_{c=1}^{N} w_c \, \sigma_c \tag{6-7}$$

式中，w_c 表示第 c 波段光谱的权重；σ_c 表示 第 c 波段光谱值的标准差。

　　形状异质性 h_{shape} 是用来表示对象形状的差异性。通过紧致度和光滑度加权和来描述对象的形状特征。紧致度 $h_{compact}$ 是用来描述对象的饱满程度，即接近正方形和接近圆形的程度。光滑度 h_{smooth} 用来描述对象边界的破碎程度。

$$h_{shape} = w_{compact} \, h_{compact} + (1 - w_{compact}) \, h_{smooth} \tag{6-8}$$

式中，$w_{compact}$ 表示紧致度的权重；$h_{compact}$ 表示紧致度；h_{smooth} 表示光滑度。

　　以下是紧致度和光滑度的计算公式：

$$h_{compact} = \frac{l}{\sqrt{n}} \tag{6-9}$$

$$h_{smooth} = \frac{l}{b} \tag{6-10}$$

式中，l 表示对象边界包含的像素个数，用来表示对象边界轮廓的长度；n 表示对象内部包含的像素个数，用来表示对象的面积。用对象多边形的周长与多边形半径的比值表示紧致度，衡量对象的饱满程度。若对象是一个正方形，紧致度刚好为 4。该值越小说明越饱满，越大说明越狭长。b 表示对象最小外包矩形的边界长度。用对象的边界周长与对象近似边界长度的比值表示光滑度，衡量边界的破碎程度，该值越大说明对象的边界越破碎。

　　3）合并对象的异质性计算

　　若将对象 S_1 和对象 S_2 合并后得到新的对象 S'，合并对象 S' 的对象异质性 f' 为合并对象 S' 的光谱异质性和形状异质性的加权和：

$$f' = w_{color} \, h'_{color} + (1 - w_{color}) \, h'_{shape} \tag{6-11}$$

式中，w_{color} 表示光谱权重；h'_{color}、h'_{shape} 分别表示合并对象 S' 的光谱异质性和形状异质性。

　　合并对象 S' 的光谱异质性 h'_{color} 和形状异质性 h'_{shape} 计算如下：

$$h'_{color} = \sum_{c=1}^{N} w_c [n' \sigma'_c - (n_1 \sigma_{1c} + n_2 \sigma_{2c})] \tag{6-12}$$

式中，w_c 表示第 c 波段光谱的权重；σ'_c、σ_{1c}、σ_{2c} 分别表示第 c 波段对象 S'、S_1、S_2 的光谱值的标准差；n'、n_1、n_2 分表表示对象 S'、S_1、S_2 内部所包含的像素个数。

$$h'_{shape} = w_{compact} \, h'_{compact} + (1 - w_{compact}) \, h'_{smooth} \tag{6-13}$$

式中，$w_{compact}$ 表示紧致度的权重；$h'_{compact}$、h'_{smooth} 分别表示合并对象 S' 的紧致度和

光滑度。

$$h'_{\text{compact}} = n' \frac{l'}{\sqrt{n'}} - \left(n_1 \frac{l_1}{\sqrt{n_1}} + n_2 \frac{l_2}{\sqrt{n_2}}\right) \tag{6-14}$$

$$h'_{\text{smooth}} = n' \frac{l'}{b'} - \left(n_1 \frac{l_1}{b_1} + n_2 \frac{l_2}{b_2}\right) \tag{6-15}$$

式中，l'、l_1、l_2 分别表示对象 S'、S_1、S_2 的边界包含的像素个数；b'、b_1、b_2 分别表示对象 S'、S_1、S_2 最小外包矩形的边界包含的像素个数；n'、n_1、n_2 分别表示对象 S'、S_1、S_2 内部所包含的像素个数。

6.1.2 方法流程

在多核影像处理工作站环境下，采用基于数据分块的并行处理策略和消息传递接口技术，运用主从式并行分割策略，并行计算策略如图 6-1 所示。实现图论与分形网络演化相结合分割算法的多核并行化处理，不仅大幅提高了影像分割的速度，还解决了大数据量遥感影像无法分割的问题。

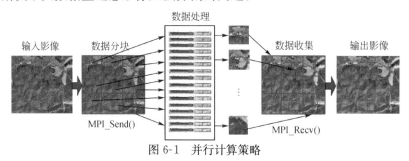

图 6-1　并行计算策略

并行分割技术流程如图 6-2 所示。

（1）主进程负责读取影像数据，采用基于缓冲区的数据分块策略，将影像数据进行外扩分块，并将分块数据分发给从进程。

（2）从进程接收分块数据，每块影像数据块单独地进行影像分割，首先通过基于图论的初始分割快速地将分块数据中的全部像素划分成小图斑，再通过分形网络演化算法进行多尺度分割，得到最后的分块分割结果，并将分块分割结果发送给主进程。

（3）主进程接收来自各个从进程的分块分割结果，进行整体整合输出，得到最终的分割影像，通过矢量化处理可以得到最终的分割矢量。

6.1.3 方法实验

实验选取 WorldView-2 融合影像进行并行分割实验，以确定分割方法在不同进程下的运行时间、加速比和效率。实验影像大小为 1129MB，实验结果如表 6-1、图 6-3～图 6-5 所示。

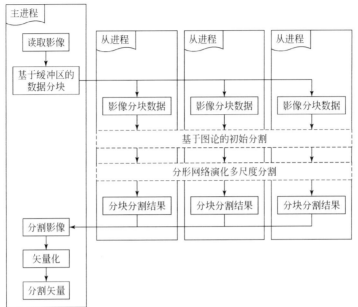

图 6-2　并行分割技术流程

表 6-1　不同进程下多尺度分割运行时间

进程数	运行时间/s	加速比	效率
1	192	1	1
2	176	1.0909091	0.5454545
3	118	1.6271186	0.5423729
4	89	2.1573034	0.5393258
5	72	2.6666667	0.5333333
6	60	3.2000000	0.5333333
7	52	3.6923077	0.5274725
8	46	4.1739130	0.5217391
9	41	4.6829268	0.5203252
10	37	5.1891892	0.5189189
11	35	5.4857143	0.4987013
12	35	5.4857143	0.4571429
13	33	5.8181818	0.4475524
14	32	6.0000000	0.4285714
15	32	6.0000000	0.4000000
16	32	6.0000000	0.3750000

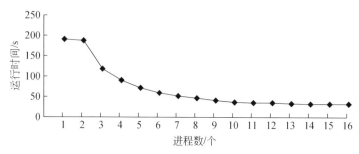

图 6-3 不同进程下的多尺度分割运行时间

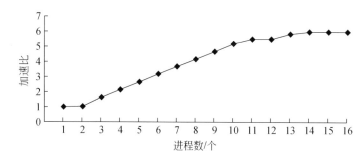

图 6-4 不同进程下的加速比

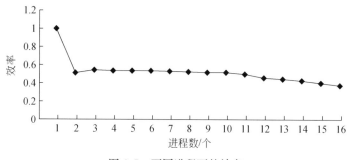

图 6-5 不同进程下的效率

由图 6-3～图 6-5 可分析得出以下结论。

(1)随着进程数的增加,分割时间是降低的趋势,但是降低的幅度越来越小,最后趋于不变。究其原因在于,影像多尺度分割存在 I/O 瓶颈,分割速度无法持续上升。

(2)随着进程数的增加,分割效率不断减低,对资源的损耗也越来越大。

(3)随着进程数的增加,分割加速比也随之增加,当进程数为 15 时,达到最大加速比 6,之后趋于平衡。

综合以上分析可得:多个进程相对于单进程而言,分割时间明显降低,加速比也明显增加,大大提高了分割效率。

基于图论与分形网络演化相结合的并行分割方法,利用多核影像处理工作站提供的 16 个线程,采取 100 和 200 两种分割尺度对农田区域、建筑物区域进行分割。

1)农田区域的多尺度分割结果

农田区域的多尺度分割结果如图 6-6 所示。

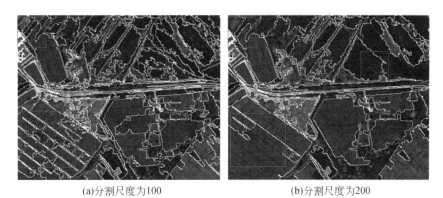

(a)分割尺度为100　　　　　　　　　　(b)分割尺度为200

图 6-6　农田区域多尺度分割

2)建筑物区域的多尺度分割结果

建筑物区域的多尺度分割结果如图 6-7 所示。

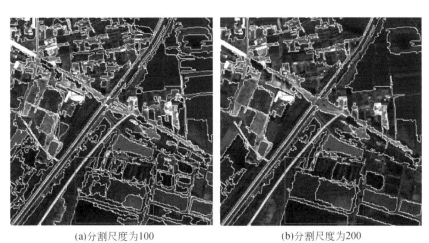

(a)分割尺度为100　　　　　　　　　　(b)分割尺度为200

图 6-7　建筑物区域多尺度分割

3）分割结果与地物的套合情况

分割的边界与地物的套合情况是评价分割结果最直观的重要手段之一。该方法的多尺度分割结果与地物边界能较好地套合。尤其对于建筑物、道路、水体等形状比较明显的地物能取得较好的分割效果，具体情况如图 6-8～图 6-10 所示。

图 6-8　道路分割

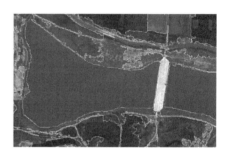

图 6-9　水体分割

图 6-10　房屋建筑分割

6.1.4　结果分析

本节是地理本体驱动的影像对象分类方法的第二个层次，提出并实现了图论与分形网络演化相结合的并行分割方法，该方法具有如下优势：①将基于图论的分割算法和多尺度分割算法相结合，不仅考虑到了影像的全局与局部信息，而且能得到与实际地物相吻合的边缘；②基于数据分块的并行处理技术，不仅大幅提高了遥感影像分割的速度,还解决了遥感影像大数据量处理瓶颈问题;③基于缓冲区的数据分块策略,有效地抑制了分块分割导致的分割线问题。

6.2　基于随机森林的特征自动优选

　　基于随机森林的特征自动优选是地理本体驱动的影像对象分类方法的第三个层次。

　　影像对象特征包括图层、几何、位置、纹理、类相关、场景、专题指数等特征。针对上千种特征,特征选择是具有挑战和费时的工作,随机森林(random forest,RF)具有特征自动优选的优势,它是由已故美国科学院院士 Breiman 于 2001 年提出的,是以多个决策树为基础分类器的集成分类器[17]。

　　该方法只需要通过对给定样本进行学习训练形成分类规则,无须分类的先验知识,具有分析复杂相互作用分类特征的能力,对于噪声数据和存在默认值的数据具有很好的鲁棒性,可以估计特征的重要性,具有较快的学习速度,相比当前流行的同类算法具有顶级的准确性[18,19]。近年来已经应用到滑坡制图、城市树林制图、地表覆盖分类中。例如,雷震在 2012 年详细阐述了随机森林的原理以及在遥感影像处理中的应用[20];Rodriguez-Galiano 等在 2012 年通过地表覆盖分类实验,验证了随机森林算法的优势[21];Guo 等在 2011 年将随机森林用于多源数据城市分类中,验证了随机森林方法以及多源数据用于分类的优势[22];Andres 等于 2011 年将随机森林用于面向对象的滑坡制图中,提出了监督学习的制图流程,提高了滑坡提取的自动化程度与精度,减少了人工干预[23];刘毅等将随机森林用于国产小卫星遥感影像分类中,证明比最大似然、支持向量机等具有更好的稳定性、更高的分类精度和更快的运算速度[24]。

　　以上研究证明,该方法比几种传统的方法更准确、运行速度快,能够为研究者带来新的研究动力。然而,目前研究主要局限于中低分辨率遥感影像像素级分类,关于面向对象的随机森林分类研究甚少,缺少对随机森林中特征优选策略的深入剖析,以及利用随机森林进行面向对象分类,因此,本书利用面向对象分析及随机森林机器学习的优势,提出基于随机森林的特征自动优选与地理要素面向对象自动分类方法,从面向对象分类角度反推随机森林特征自动优选的优势。

6.2.1　算法原理

　　随机森林通过构造不同的训练子集来增加分类模型之间的差异,从而提高组合分类模型的外推预测能力。通过 T 轮训练,得到一个分类模型序列 $\{h_1(X),h_2(X),\cdots,h_T(X)\}$,再用它们构成一个多分类模型系统。该系统的最终分类结果

采用简单多数投票法得到,最终的分类决策为

$$H(x) = \arg \max \sum_{i=1}^{T} I(h_i(x) = Y)$$

式中,$H(x)$ 表示组合分类模型;h_i 表示单个决策树分类模型;Y 表示输出变量;$I(\cdot)$ 表示示性函数。

随机森林方法主要包括训练与分类两个过程,如图 6-11 所示。

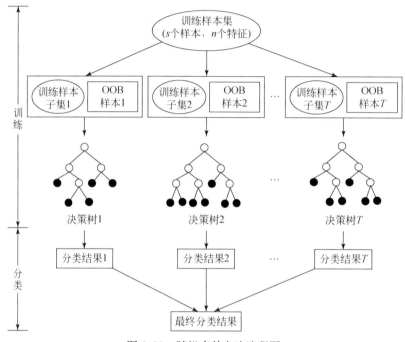

图 6-11 随机森林方法流程图

训练过程首先采用 bootstrap 自助抽样技术有放回地随机抽取训练样本,形成各个决策树的样本子集,未被选中的为 OOB(out of bag)样本。其次采用 CART (classification and regression trees)二元划分策略构建与样本子集对应的决策树,每个决策树的每个节点随机抽取 m 个特征(m 小于总特征数量 n),通过计算每个特征蕴涵的信息量进行分裂生长,最后众多决策树构成一个随机森林。分类过程是每个决策树进行分类,得到各自的分类结果,利用简单投票法将所有分类结果进行综合,得到最终结果。

6.2.2 方法流程

面向对象分类的思想为:分类的最小单元是同质性多边形对象(图斑),而不再是单个像素,首先通过分割技术得到多边形对象,其次计算对象的光谱、纹理、形状

等特征,最后运用分类器实现面向对象分类。基于随机森林的遥感影像面向对象分类流程见图 6-12。

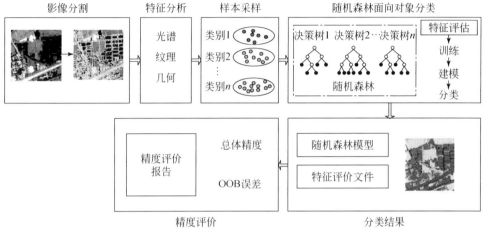

图 6-12　地理要素面向对象分类

其主要包括如下四个关键步骤。

第一步:影像分割。利用上述分割方法进行影像分割,得到质量较好的多边形对象。

第二步:特征分析。基于先验知识和用户知识进行特征选择,人工神经网络、支持向量机等分类器并不能进行特征优选,而随机森林能够分析大量的特征及少量的样本,能够计算特征重要性,值越大说明所选的特征的重要性越高。

第三步:样本采集。根据准确性、代表性、统计性原则,采集地理要素的典型样本,形成样本集。也可以从已有数字线划图中提取相关地物矢量要素作为样本集,一部分作为训练样本用于生成随机森林分类模型,一部分作为验证样本用于评价分类的精度。

第四步:随机森林面向对象分类。该过程包括训练与分类过程。训练过程是根据训练样本及决策树理论得到分类模型,同时自动估算每个特征的重要性。分类过程是根据分类模型得到分类结果。

随机森林训练过程如图 6-13 所示。

(1)创建并初始化树集合、参与的样本序号、每个样本的测试分类等参数。

(2)采用 bootstrap 自助抽样技术随机生成训练样本子集,利用递归方式训练单棵树。

①计算当前节点样本中最大样本数量的类别,则为该节点的类别。

②判断样本数量是否过少,或深度是否大于最大指定深度,或该节点是否只有

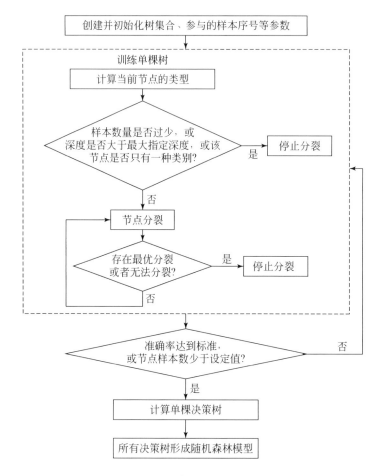

图 6-13　随机森林训练过程流程图

一种类别,若是,则停止分裂。

③若否,则采用最优分裂策略针对某一变量进行左右分裂,最优分裂的依据是

$$\frac{I}{N_1} \sum^i (|C_{i,1}|)^2 + \frac{I}{N_r} \sum^i (|C_{i,r}|)^2$$

式中,N_1 为左分裂的样本总数;N_r 为右分裂的样本总数;$C_{i,1}$ 为左分裂中类别 i 的样本个数;$C_{i,r}$ 为右分裂中类别 i 的样本个数。

④若不存在最优分裂或者无法分裂,则释放相关数据后返回;否则,处理代理分裂、分割左右分裂数据、调用左右后续分裂。

(3)准确率判断及变量重要性计算。如果以准确率作为终止条件或者计算变量的重要值,则在本步骤中,使用未参与当前树构建的样本,测试当前树的预测准确率;若判断准确率达到标准或节点样本数少于设定值,则进入下一步;若否,返回前一步。若需要计算变量的重要值,对于每一种变量,对每一个非参与样本,用另一个随机样本的变量值替换该位置的变量值,再预测当前树的预测准确率,其正确率的统计值与上一步当前树的预测准确率的差,累计到该变量的重要值中。

(4)重复步骤(2)和(3),直到准确率达到标准或者节点样本数过少,最终完成单个决策树的生成,加入树集合中,形成随机森林模型和特征评价文件,得出分类结果。

第五步:精度评价。在随机森林中,可以用 OOB 误差估计作为泛化误差的无偏估计,而无须像其他方法,通常需要交叉验证或利用分开的同分布的测试集。

6.2.3　方法实验

1. 实验数据

实验区为西安临潼城区,实验数据为地理国情普查所用数据,2011 年 7 月的 WorldView-2 全色影像(分辨率为 0.5m)与多光谱影像(分辨率为 2m)。该数据经过几何校正、融合处理,影像如图 6-14 所示。参与分类的波段为蓝、绿、红、近红外 1。该区域典型地类有耕地、林地、草地、房屋建筑区、道路、裸露地表、水体。实验环境为:Intel(R)Core(TM),i7-2600CPU@3.40GHz,RAM 为 4GB。

2. 实验步骤

1)影像分割

本实验在初始分割的基础上进行区域合并时,分割尺度为 200,光谱因子为 0.8,紧致度因子为 0.6,能得到相对较好的分割效果,具体如图 6-15 所示。

2)特征分析

计算所有分割对象的光谱、纹理、形状等特征。根据经验与知识,选择了 50 个特征,包括均值、方差、面积、周长、密度、同质性、对比度、熵、相关度等。通过随机森林来计算特征的重要性,依次作为特征优选的策略,值越大对分类的贡献越大。本实验部分特征重要度量值为:NDVI(30.3)＞亮度(12.1)＞密度(9.9)＞红波段均值(5.9)＞NDWI(5.4)＞绿波段均值(4.7)。

3)样本采集

针对耕地、林地、草地、房屋建筑区、道路、裸露地表、水体七种地物类型,根据解译标志特征,采集典型样本,形成样本集。

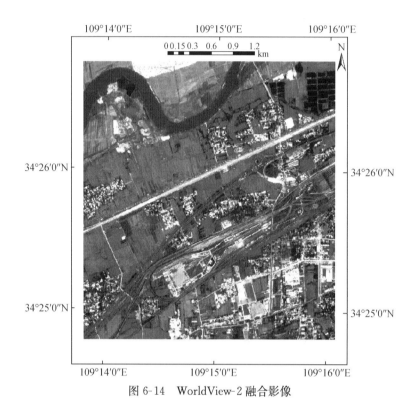

图 6-14　WorldView-2 融合影像

(a)水体　　　　　　　　　　　　(b)道路

(c)耕地　　　　　　　　　　　　　(d)房屋建筑区

图 6-15　典型地类分割效果图

4)随机森林分类

采用随机森林方法进行面向对象分类,影响大的有两个参数:组成森林的决策树个数、特征个数。当分裂特征个数为 5、决策树个数为 100 时,分类结果如图 6-16 所示。

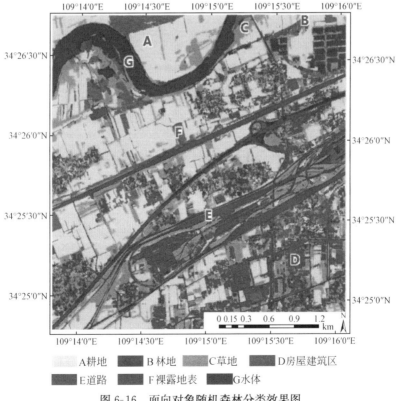

图 6-16　面向对象随机森林分类效果图

5)对比实验

支持向量机(support vector machine,SVM)是机器学习中的典型方法,分类性能超过决策树、神经网络、最大似然等方法[25],与随机森林方法相当[2]。因此,本书利用 SVM 进行对比实验。SVM 有 C_SVC、NU_SVC 等类型,核函数有线性、多项式、径向基等。本实验 SVM 类型选择 C_SVC,核函数选择径向基函数,其中 Gamma 值为 0.25,惩罚系数为 100,得到的分类结果如图 6-17 所示。

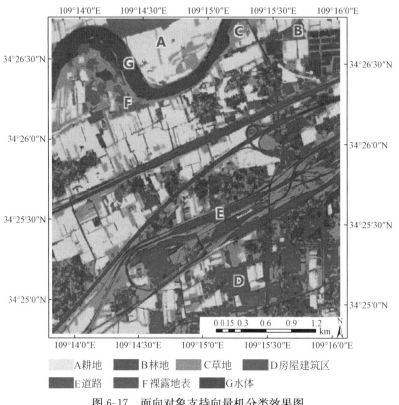

图 6-17　面向对象支持向量机分类效果图

3. 实验分析

1)随机森林参数分析

(1)特征个数 M 对分类精度的影响。决策树个数 K 为 100,M 个特征用于分裂节点,随着 M 的变化,OOB 误差随特征个数 M 的变化趋势如图 6-18 所示。

可见,OOB 误差呈现先降低后上升的趋势,当 M 值为 5 时,OOB 误差最小,为 0.089,此时分类精度为 91.1%。

(2)决策树个数 K 对分类精度的影响。为了评估决策树个数的理想值,M 保

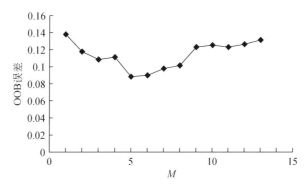

图 6-18　OOB 误差随特征个数变化的趋势图

持常量为 5,随着 K 的变化,OOB 误差如图 6-19 所示。

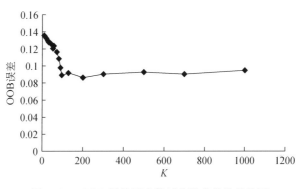

图 6-19　OOB 误差随决策树个数变化的趋势图

可见,随着 K 的增加,误差变小,当 M 为 200 时,误差达到最小,大于 200 时,误差差别很小,趋于稳定,计算时间随着 K 的增加而增加。当 M 为 200,OOB 误差为 0.087 时,分类精度达到 91.3%。

2)特征对分类精度的影响

将 50 个特征分为 10 组,每组包含 5 个特征。首先考虑光谱,其次是形状,最后是纹理特征,运用这 10 组特征进行 RF 和 SVM 两种方法的分类实验。特征对分类精度的影像结果如表 6-2 和图 6-20 所示。

表 6-2　10 组特征对应的 RF 和 SVM 分类总体精度

组数	特征数量	RF GEOBIA 总体精度/%	SVM GEOBIA 总体精度/%
1	5	85.36	84.92
2	10	91.08	88.62

组数	特征数量	RF GEOBIA 总体精度/%	SVM GEOBIA 总体精度/%
3	15	90.41	91.69
4	20	90.24	90.46
5	25	90.26	91.08
6	30	90.15	92.31
7	35	89.66	92
8	40	90.3	93.23
9	45	90.52	92.92
10	50	90.82	91.69

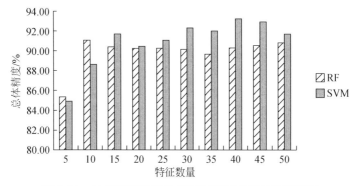

图 6-20　10 组特征对应的 RF 和 SVM 分类总体精度图

可知,当特征数量为 10 时,RF GEOBIA 方法能够达到最高的分类精度 91.08%,而当特征为 15 时,SVM GEOBIA 方法才能达到类似的精度,可见,RF GEOBIA 利用较少的特征就能达到较高的精度。随着特征数量的增多,分类精度趋于稳定。而 SVM GEOBIA 利用较多的特征才能达到较高的精度,且分类精度呈现先上升后下降的趋势。由此证明了 RF GEOBIA 方法特征自动优选的重要性。

3)计算时间分析

总体计算时间包括分割、特征计算、样本选择、分类等运算的时间。在相同的计算环境下,两种方法由于分割、样本选择的时间是相同的,则本实验只分析特征计算与分类所需时间。特征计算与分类时间统计表如表 6-3 所示。

表 6-3　特征计算与分类时间统计表

组数	特征数量	特征计算时间	RF 分类时间	SVM 分类时间
1	5	2′10″	20″	26″
2	10	4′06″	26″	34″
3	15	6′15″	29″	45″
4	20	8′56″	38″	52″
5	25	11′14″	43″	59″
6	30	17′20″	56″	1′18″
7	35	19′35″	1′08″	1′28″
8	40	24′16″	1′38″	1′56″
9	45	56′40″	1′57″	2′34″
10	50	1:48′50″	2′11″	2′58″

随着特征数量的增加,两种方法的计算时间都变长,但在相同的特征组下,RF的速度略快于 SVM 方法。这说明 RF 通过特征自动优选及分类模型自动构建,在不损失性能的前提下减少了计算量和内存使用。

6.2.4　结果分析

(1)本实验方法充分利用了面向地理对象分析及随机森林的优势,提出了随机森林面向对象的分类方法,详细阐述了该方法的技术流程,有助于指导该方法的设计与实现。理论与实验证明,该方法具有自动进行特征优选及自动构建分类模型的优势,利用较少的特征就能得到较高的分类精度,相比当前流行的同类算法(如SVM)具有显著的优越性。

(2)随机森林方法是一种相对新的、数据驱动的非参数分类方法,只需要通过对给定样本进行学习训练形成分类规则,无须分类的先验知识,具有分析复杂相互作用分类特征的能力,对于噪声数据和存在默认值的数据具有很好的鲁棒性,可以估计特征的重要性,具有较快的学习速度。RF 内置的特征选择方法用于选择与分类模型密切相关的特征。自动分类模型能够减少人工解译的时间,为 GEOBIA 提供了自动化的手段。

(3)随机森林面向对象分类方法参数的设置比较简单,仅需要设置两个参数,一是决策树个数,二是随机分裂变量个数。200 个树之内,树的个数与分类精度成正比,一旦误差聚合,随机分裂变量的个数对分类精度的影响比较小。此外,无须通过交叉验证和训练样本集进行精度评价,内置的 OOB 误差可以评价分类精度。

6.3 基于语义网络模型的影像对象语义分类

基于语义网络模型的影像对象语义分类是地理本体驱动的影像对象分类方法的第四个层次。地理本体为遥感影像分类提供了新的思路,语义网络模型为实验奠定了模型基础,本实验将语义网络模型与面向对象分类技术相结合,提出基于语义网络模型的面向对象语义分类方法,主要思路是基于语义网络模型,联合利用决策树与专家规则,结合本体查询推理能力实现影像对象的语义分类。

6.3.1 方法流程

该方法在构建遥感影像分类地理本体、形成语义网络模型的基础上,联合利用机器学习方法与专家规则进行语义分类。先利用机器学习方法(决策树、支持向量机、随机森林、混合学习等)进行初始分类,得到初始分类结果,利用专家规则再次进行语义分类,得到高级语义信息,主要包括三个步骤,如图 6-21 所示。

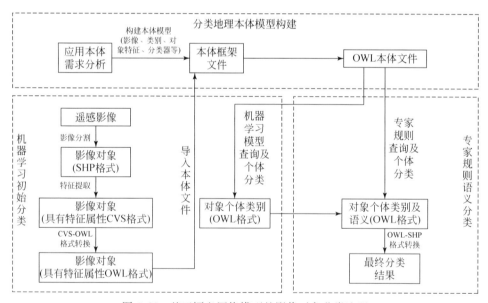

图 6-21 基于语义网络模型的影像对象分类流程

(1)分类地理本体模型构建。面向具体的应用需求,构建影像、分类类别、对象特征、分类器等的本体模型,利用 OWL 进行表达,形成整个语义网络模型。

(2)机器学习初始分类。遥感影像通过影像分割技术得到对象,通过特征计算得到各个对象的特征值,通过特征优选得到最优特征,转为 OWL 形式,导入本体框架文件,利用 XQuery 查询本体文件中对应的机器学习分类模型,利用该模型对每个对象进行分类,得到每个对象的类别信息。

(3)专家规则语义分类。在初始分类的基础上,利用 XQuery 查询本体文件中对应的 SWRL 表达的专家规则,利用专家规则对每个对象再次分类,得到每个对象的高级语义信息。

6.3.2　实现过程

基于语义网络模型的面向对象语义分类具体包括以下过程。

1)本体模型构建

面向具体的应用需求,依据第 4 和第 5 章的详细描述,利用 Protégé 软件构建影像本体、影像对象特征本体、分类器本体等,形成本体框架文件。

2)影像分割

通过图论与分形网络演化相结合的分割方法实现遥感影像的分割,分割影像进行矢量化得到 SHP 格式的分割对象。分割的核心是分割参数的选择,该方法具有三个参数,如表 6-4 所示。

表 6-4　影像分割参数

参数	取值范围	意义
取值	任意正值	尺度值越大,分割的对象越大,对象数越少。最优尺度的选择方法如下: (1)针对某一类型时,类别对象大小与地物目标大小接近,对象多边形既不能太破碎,也不能边界模糊,且类别内部对象的光谱变异较小、同质性最大 (2)针对整幅影像时,对象内部异质性尽量小,不同类别对象之间的异质性尽量大
颜色权重	[0.0,1.0]	反映了影像对象的光谱一致性
紧致度权重	[0.0,1.0]	通过形状准则来优化分割对象

3)特征提取

计算分割对象的图层、几何、位置、纹理等特征,以 SHP 格式存储,将 DBF 文件转为 CVS 格式。针对众多特征,可以采用随机森林等方法进行特征优选,从而减少冗余,提高计算效率。

4)特征文件本体格式转换

将 CVS 格式的特征文件转为 OWL 本体格式。

5)特征 OWL 本体文件集成

将对象特征以 OWL 格式写入本体框架文件,形成完整的具有对象个体的本体文件,该文件也可以与数据库连接。

6)对象初始分类

利用 XQuery 查询本体文件中对应的机器学习分类模型,利用该模型对每个对象进行分类,得到每个对象的类别信息,以 OWL 文件格式表示。

本实验利用 XQuery 查询本体文件中的决策树分类模型如下。

```
declare function local:decisiontree($ ontology as xs:string,$ individuals as
xs:string)
    {
    for $ root in(doc($ ontology)//owl:Thing[some $ x in rdf:type/@ rdf:resou
rce satisfies local:substring- after- namespace($ x,'# ')= "Root"]union doc
($ ontology)//Root)return
        local:evaluate- tree($ ontology,$ root,doc($ individuals)//owl:Thing)
    };


    declare function local:evaluate- tree($ ontology as xs:string,$ node as
node(),$ regions as node()* )
    {
    if(some $ x in $ node/rdf:type/@ rdf:resource satisfies local:substring-
after- namespace($ x,'# ')= "Node" or name($ node)= "Node")then
    let $ prop:= ($ node/* [@ rdf:datatype])[1]  return
        let $ greater: = ( for $ r in $ regions where ( some $ field in $ r/*
satisfies(local:substring- after- namespace(name($ field),'# ')= local:
substring- after- namespace(name($ prop),'# ')and $ prop/text()- $ field/
text()< 0))return $ r)
    return let $ less: = ( for $ r in $ regions where ( some $ field in $ r/*
satisfies(local:substring- after- namespace(name($ field),'# ')= local:subs
tring- after- namespace(name($ prop),'# ')and $ field/text()- $ prop/text()<
= 0))return $ r)
    return
    ((local:evaluate- tree($ ontology,
    doc($ ontology)//* [@ rdf:about= $ node/* [name(.)= "GreaterThan"]/@
rdf:resource],
    $ greater))
    union
    (local:evaluate- tree($ ontology,
```

```
        doc($ ontology)//* [@ rdf:about= $ node/* [name(.)= "LessThanOrEqual"]/
@ rdf:resource],
  $ less)))
```

```
  else for $ r in $ regions return
    < owl:Thing              xmlns:rdf= "http://www.w3.org/1999/02/22- rdf-
syntax- ns# " xmlns:owl= "http://www.w3.org/2002/07/owl# " rdf:about= "{$ r/
@ rdf:about}">
    {if          (name($ node)= "owl:Thing"        or        local:substring-
after- namespace(name($ node),'# ')= "Leaf")   then   $ node/rdf:type[not
(local:substring- after- namespace(@ rdf:resource,'# ')= "Leaf")        and
not(@ rdf:resource= "http://www.w3.org/2002/07/owl# Thing")]  else  < rdf:
type rdf:resource= "{name($ node)}"/>  }
    < /owl:Thing>
    };
```

某一对象 region0 的分类结果为 Vegetation,OWL 表示如下。

```
    < owl:Thing                      xmlns:owl= "http://www.w3.org/2002/07/o
wl# "
xmlns:rdf= "http://www.w3.org/1999/02/22- rdf- syntax- ns# " rdf:about= "#
region0">
      < rdf:type                       xmlns:swrlb= "http://www.w3.org/2003/
11/swrlb# "
xmlns:xsd= "http://www.w3.org/2001/XMLSchema# "
xmlns:OWL2xml= "http://www.w3.org/2006/12/OWL2- xml# "
xmlns:swrl= "http://www.w3.org/2003/11/swrl# "
xmlns:rdfs= "http://www.w3.org/2000/01/rdf- schema# "
xmlns= "http://www.semanticweb.org/ontologies/2009/11/Ontology126096050263
9.owl# " rdf:resource = "http://www.semanticweb.org/ontologies/2009/11/On-
tology1260960502639.owl# Vegetation"/>
      < rdf:type                           xmlns:swrlb= "http://www.w3.org/
2003/11/swrlb# "
xmlns:xsd= "http://www.w3.org/2001/XMLSchema# "
xmlns:OWL2xml= "http://www.w3.org/2006/12/OWL2- xml# " xmlns:swrl= "http://
www.w3.org/2003/11/swrl # "  xmlns:rdfs = " http://www.w3.org/2000/01/rdf -
schema# "
xmlns= "http://www.semanticweb.org/ontologies/2009/11/Ontology12609605026
39.owl# " rdf:resource= "http://www.w3.org/2002/07/owl# NamedIndividual"/>
    < /owl:Thing>
```

7)对象语义分类

在初始分类的基础上,利用 XQuery 查询本体文件中对应的 SWRL 表达的专家规则,利用专家规则对每个对象再次分类,得到每个对象的类别信息以及语义信息。某一对象 region100 的分类结果为 Road,OWL 表示如下。

```
< owl:Thing xmlns:owl= "http://www.w3.org/2002/07/owl# " xmlns:rdf= "
http://www.w3.org/1999/02/22- rdf- syntax- ns# " rdf:about= "http://www.sema
nticweb.org/ontologies/2009/11/Ontology1260960502639.
owl# region100">
    < rdf:type
rdf:resource= "http://www.semanticweb.org/ontologies/2009/11/Ontology12609
60502639.owl# Regular"/>
    < rdf:type
rdf:resource= "http://www.semanticweb.org/ontologies/2009/11/Ontology12609
60502639.owl# Strip"/>
    < /owl:Thing>
    < rdf:type
rdf:resource= "http://www.semanticweb.org/ontologies/2009/11/Ontology12609
60502639.owl# Road"/>
    < /owl:Thing>
```

8)分类结果显示

将 OWL 分类类别写入 SHP 格式,矢量显示分类结果,同时利用 Protégé 软件显示对象的语义信息及其特征。

6.3.3　方法实验

1. 实验数据

实验区为西安临潼区,实验数据为该区域 2011 年 7 月 3 日的 WorldView-2 多光谱与全色影像,影像大小(像素)为 938×1078,WorldView-2 影像包括了八个多光谱波段、一个全色波段,多光谱分辨率为 1.8m,全色分辨率为 0.46m。该数据经过几何校正、融合处理,影像如图 6-22 所示。该区域典型地类有植被、水体、道路、房屋建筑区。

2. 实验步骤

1)地表覆盖分类本体框架构建

面向地表覆盖分类需求,依据几种典型地类的描述,利用 Protégé 软件构建影像本体、影像对象特征本体、分类器本体等,形成本体框架文件。

图 6-22　WorldView-2 融合影像(7、3、2 波段组合,假彩色)

2)影像分割

通过分割实验,当分割尺度为 100、颜色因子为 0.8、紧致度因子为 0.3 时,能得到相对较好的分割效果。

3)特征计算

计算的特征包括 NDWI、NDVI、分形维数、周长面积比、矩形拟合度、形状指数、长度、宽度、长宽比、各个波段的熵、同质性、均值、比率、标准差等,保存为 CSV 格式。

4)特征文件格式转换

将 CSV 格式的特征文件转为 OWL 本体格式,某一对象的特征如图 6-23 所示。

5)特征 OWL 本体文件集成

将对象特征以 OWL 格式写入本体框架文件,形成完整的具有对象个体的本体文件。该文件也可以与数据库连接。

6)对象初始分类

利用 XQuery 查询本体文件中对应的机器学习分类模型,利用该模型对每个对象进行分类,得到每个对象的类别信息,以 OWL 文件格式表示,如图 6-24 所示。

```
<!-- http://www.semanticweb.org/ontologies/2009/11/Ontology1260960502639.owl#region298 -->

<owl:Thing rdf:about="http://www.semanticweb.org/ontologies/2009/11/Ontology1260960502639.owl#region298">
    <rdf:type rdf:resource="http://www.semanticweb.org/ontologies/2009/11/Ontology1260960502639.owl#Region"/>
    <rdf:type rdf:resource="http://www.semanticweb.org/ontologies/2009/11/Ontology1260960502639.owl#Water"/>
    <rdf:type rdf:resource="&owl;NamedIndividual"/>
    <NDVI rdf:datatype="&xsd;double">0.0</NDVI>
    <EntropyB6 rdf:datatype="&xsd;double">0.004845011</EntropyB6>
    <EntropyB2 rdf:datatype="&xsd;double">0.008796341</EntropyB2>
    <EntropyB4 rdf:datatype="&xsd;double">0.009202301</EntropyB4>
    <EntropyB1 rdf:datatype="&xsd;double">0.01050011</EntropyB1>
    <HomoB6 rdf:datatype="&xsd;double">0.01391076</HomoB6>
    <HomoB4 rdf:datatype="&xsd;double">0.01640446</HomoB4>
    <HomoB2 rdf:datatype="&xsd;double">0.02718231</HomoB2>
    <HomoB1 rdf:datatype="&xsd;double">0.02962523</HomoB1>
    <Width rdf:datatype="&xsd;double">0.04201681</Width>
    <MeanB1 rdf:datatype="&xsd;double">0.06359076</MeanB1>
    <MeanB2 rdf:datatype="&xsd;double">0.09231049</MeanB2>
    <MeanB4 rdf:datatype="&xsd;double">0.09432526</MeanB4>
    <Length rdf:datatype="&xsd;double">0.1823308</Length>
    <RectFit rdf:datatype="&xsd;double">0.2630407</RectFit>
    <RatioB4 rdf:datatype="&xsd;double">0.327739</RatioB4>
    <StdB2 rdf:datatype="&xsd;double">0.3491882</StdB2>
    <RatioB2 rdf:datatype="&xsd;double">0.3536294</RatioB2>
    <RatioB1 rdf:datatype="&xsd;double">0.3938084</RatioB1>
    <MeanB6 rdf:datatype="&xsd;double">0.4183018</MeanB6>
    <StdB4 rdf:datatype="&xsd;double">0.5316366</StdB4>
    <ShapeIndex rdf:datatype="&xsd;double">0.534761</ShapeIndex>
    <RatioB6 rdf:datatype="&xsd;double">0.53718</RatioB6>
    <StdB1 rdf:datatype="&xsd;double">0.5727566</StdB1>
    <PerAreaRatio rdf:datatype="&xsd;double">0.5774161</PerAreaRatio>
    <FractralDimension rdf:datatype="&xsd;double">0.7581991</FractralDimension>
    <StdB6 rdf:datatype="&xsd;double">0.8297428</StdB6>
    <NDWI rdf:datatype="&xsd;double">0.9494671</NDWI>
    <LengthWidthRatio rdf:datatype="&xsd;double">4.339472702</LengthWidthRatio>
    <RegNum rdf:datatype="&xsd;double">91.0</RegNum>
</owl:Thing>
```

图 6-23 某一对象的特征 OWL 格式

图 6-24 对象的决策树分类结果

7)对象语义分类

在初始分类的基础上,利用 XQuery 查询本体文件中对应的 SWRL 表达的专家规则,利用专家规则对每个对象再次分类,得到每个对象的类别信息以及语义信息。例如,对象 1 若是非规则、面状对象,则为植被,如图 6-25 所示。

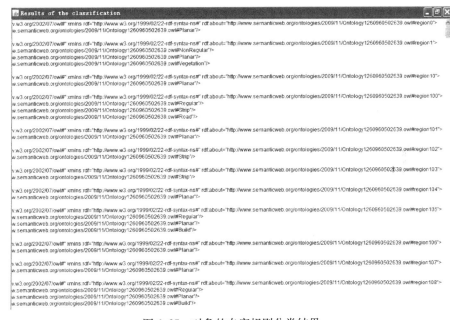

图 6-25 对象的专家规则分类结果

8)分类结果展示

分类结果不仅可以利用分类图展示,而且可以查询到各个对象的语义信息,若对象 123 语义信息为规则的、面状的,则被分为建筑。此外,进行了常规面向对象决策树分类的研究。该方法仍然沿用影像分割、特征提取、影像分类的过程,分割参数、特征与本方法一致,分类方法采用决策树。

临潼区 WorldView-2 两种方法的分类结果如图 6-26 所示。

对象 123 的语义展示如图 6-27 所示,可以看到对象的特征、类别及语义信息。

3. 实验分析

从实验角度看,本实验证明了该方法的可行性与优越性,不仅能够得到分类影像与分类模型,而且能够得到各个对象的语义信息。从分类结果看,两种分类方法都得到了较好的分类结果,但还存在明显的错分与漏分现象。本方法存在水体混分为植被的现象;决策树方法中,房屋建筑区、水体混分现象明显。

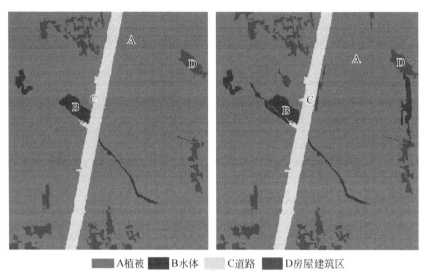

　　■A植被　　■B水体　　■C道路　　■D房屋建筑区

(a)本方法分类结果　　　　　　　　　　　(b)决策树分类结果

图 6-26　临潼区 WorldView-2 地表覆盖分类结果

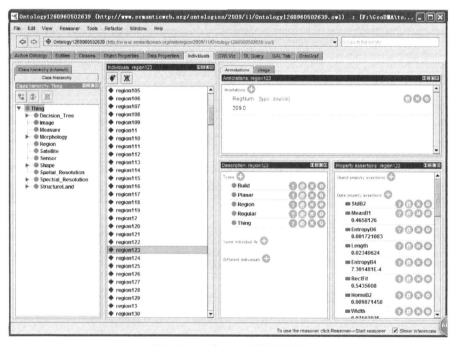

图 6-27　对象 123 的语义展示

从精度评价看,通过计算误差矩阵得出制图精度、用户精度、Kappa 值来进行精度评价。本方法的总体分类精度为 93.68%,Kappa 值为 90.65%,结果如表 6-5 和表 6-6 所示。决策树分类方法的总体精度为 88.42%,Kappa 值为 82.86%,结果如表 6-7 和表 6-8 所示。分类精度主要受决策规则、专家规则的影响,若进一步增加专家知识,可望提高模型的精度与分类的稳定性。

表 6-5　本方法误差矩阵

参考　\　预测	本方法结果				
	水体	道路	植被	房屋建筑区	总和
水体	10	0	0	0	10
道路	1	14	0	0	15
植被	2	0	43	1	46
房屋建筑区	1	0	1	22	24
总和	14	14	44	23	95

表 6-6　本方法精度评价结果

类别　\　精度	制图精度/%	漏分误差/%	用户精度/%	错分误差/%
水体	100	0	71.43	28.57
道路	93.33	6.67	100	0
植被	93.48	6.52	97.73	2.27
房屋建筑区	91.67	8.33	95.65	4.35

总体精度为 93.68%,Kappa 值为 90.65%

表 6-7　决策树方法误差矩阵

参考　\　预测	决策树方法结果				
	水体	道路	植被	房屋建筑区	总和
水体	10	0	1	1	12
道路	1	13	0	0	14
植被	2	1	42	1	46
房屋建筑区	2	0	2	19	23
总和	15	14	45	21	95

表 6-8 决策树方法精度评价结果

精度\类别	制图精度/%	漏分误差/%	用户精度/%	错分误差/%
水体	83.33	16.67	66.67	33.33
道路	92.86	7.14	92.86	7.14
植被	91.3	8.7	93.33	6.67
房屋建筑区	82.61	7.39	90.48	9.52

总体精度为 88.42%,Kappa 值为 82.86%

6.3.4 结果分析

(1)利用语义网络模型能够对客观存在的概念、特征、关系进行显式表达,将各种知识有机地联系在一起,减少低层特征与高层语义之间的语义鸿沟,以计算机可操作的形式化语言明确表达语义关系,能比较正确地反映人对客观事物的本质认识。

(2)联合决策树与专家规则进行语义分类,能够处理复杂条件下的遥感影像分类,掌握地理实体的语义信息,变数据驱动为知识驱动,有助于地理实体的客观再现。

(3)本体框架文件具有较强的灵活性、可扩展性和自适应性,可以在本体框架文件加入其他约束条件,以弥补现有专家规则与决策树的不足,使其适用于其他类似条件下的影像分类,也可以与数据库连接,存储原始对象信息与分类结果。

(4)该方法不仅能够得到反映真实地理对象的遥感影像分类结果,而且能够实现领域知识的共享与语义网络模型的复用,可追踪性强、结果可信度高、移植性高。

6.4 小 结

本章在遥感影像分类地理本体框架的指导下,提出地理本体驱动的影像对象分类的四个层次,在第一层次遥感影像分类地理本体模型(第 5 章)的基础上,从算法原理、技术流程、技术实验、结果分析等方面详细介绍了第二层次图论与分形网络演化相结合的并行分割、第三层次基于随机森林的特征自动优选、第四层次基于语义网络模型的影像对象语义分类,实现了数据驱动方法向知识驱动方法的根本转变,提高了遥感影像分类的科学性,有助于地理实体的客观再现。

参 考 文 献

[1]顾海燕,李海涛,闫利,等. 面向地理对象影像分析技术的研究进展与分析. 遥感信息,2014,

29(4):52—57.

[2]Li H T,Gu H Y,Han Y S,et al. An efficient multi- scale SRMMHR(statistical region merging and minimum heterogeneity rule)segmentation method for high- resolution remote sensing imagery. IEEE Journal of Selected Topics in Applied Earth Observations and Remote Sensing,2009,2(2):67—73.

[3]Li H T,Gu H Y,Han Y S,et al. Object- oriented classification of high- resolution remote sensing imagery based on an improved colour structure code and a support vector machine. International Journal of Remote Sensing,2010,31(6):1453—1470.

[4]Redding N J,Crisp D J,Tang D. An efficient algorithm for mumford- shah segmentation and its application to SAR imagery. Proceedings Conference Digital Image Computing Techniques and Applications(DICTA),1999:35—41.

[5]Shi J,Malik J. Normalized cuts and image segmentation. IEEE Transactions on Pattern Analysis and Machine Intelligence,2000,22(8):888—905.

[6]Wang S,Siskind J M. Image segmentation with ratio cut. IEEE Transactions on Pattern Analysis and Machine Intelligence,2003,25(8):676—690.

[7]Dragut L,Tiede D,Levick S R. ESP:A tool to estimate scale parameter for multi resolution image segmentation of remotely sensed data. International Journal of Geographical Information Science,2010,24(6):859—871.

[8]Cardoso J S,Corte- real L. Toward a generic evaluation of image segmentation. IEEE Transactions on Image Processing,2005,14(11):1773—1782.

[9]Zhang Y J. A survey on evaluation methods for image segmentation. Pattern Recogn,1996, 29(8):1335—1346.

[10]Neubert M,Meinel G. Evaluation of segmentation programs for high resolution remote sensing applications. International ISPRS Workshop "High Resolution Mapping from Space,2003.

[11]Ding C,He X F,Zha H Y,et al. A min- max cut algorithm for graph parti- tioning and data clustering. Proceedings IEEE International Conference on Data Mining,2001:107—114.

[12]Wu Z,Leahy R. An optimal graph theoretic approach to data clustering:Theory and its application to image segmentation. IEEE Transactions on Pattern Analysis and Machine Intelligence,1993,15(11):1101—1113.

[13]Bilodeau G A,Shu Y Y,Cheriet F. Multistage graph- based segmentation of thoracoscopic images. Computerized Medical Imaging & Graphics,2006,30(8):437—446.

[14]Felzenszwalb P F,Huttenlocher D P. Efficient graph- based image segmentation. International Journal of Computer Vision,2004,59(2):167—181.

[15]Baatz M,Schape A. Multiresolution segmentation:An optimization approach for high quality multi- scale image segmentation. Angewandte Geographische Information Sverarbeitung, 2000,58:12—23.

[16]许宏伟. 基于面向对象的高分辨率遥感影像变化检测方法研究[硕士学位论文]. 北京:北

京师范大学,2013.

[17]Breiman L. Random forests. Machine Learning,2001,45(1):5—32.

[18]Verikas A,Gelzinis A,Bacauskiene M. Mining data with random forests:A survey and results of new tests. Pattern Recognition,2011,44(2):330—349.

[19]姚登举,杨静,詹晓娟. 基于随机森林的特征选择算法. 吉林大学学报(工学版),2014,44(1):137—141.

[20]雷震. 随机森林及其在遥感影像处理中应用研究[博士学位论文]. 上海:上海交通大学,2012.

[21]Rodriguez-Galiano V F,Chica-Olmo M,Abarca-Hernandez F,et al. Random forest classification of mediterranean land cover using multi- seasonal imagery and multi- seasonal texture. Remote Sensing of Environment,2012,121(138):93—107.

[22]Guo L,Chehata N,Mallet C,et al. Relevance of airborne lidar and multispectral image data for urban scene classification using random forests. ISPRS Journal of Photogrammetry and Remote Sensing,2011,66(1):56—66.

[23]Andres S,Arvor D,Pierkot C. Towards an ontological approach for classifying remote sensing images. Signal Image Technology and Internet Based Systems (SITIS),2012:825—832.

[24]刘毅,杜培军,郑辉,等. 基于随机森林的国产小卫星遥感影像分类研究. 测绘科学,2012,37(4):194—196.

[25]Huang C,Davis L S,Townshend J R G. An assessment of support vector machines for land cover classification. International Journal of Remote Sensing,2002,23(4):725—749.

[26]Pal M. Random forest classifier for remote sensing classification. International Journal of Remote Sensing,2007,26(1):217—222.

第 7 章　地表覆盖分类实验

本章是在研究遥感影像分类地理本体框架"地理实体概念本体描述—遥感影像分类地理本体建模—地理本体驱动的影像对象分类"的基础上,进行实验论证。面向地理国情普查中的地表覆盖分类,以云南瑞丽市的 ZY-3、陕西临潼区的 WorldView-2 为实验数据,开展地表覆盖分类实验,验证本框架与方法的有效性与复用性,可以将其推广应用到类似区域、相近时间、类似数据的影像分类中。

7.1　实　验　环　境

本方法主体利用 FeatureStation_GeoEX 软件完成影像分割与特征提取以及对比实验,利用 Protégé 软件进行本体构建与地理本体驱动的影像对象分类。下面分别介绍这两款软件。

7.1.1　FeatureStation_GeoEX

FeatureStation_GeoEX 是在遥感影像智能解译工作站 FeatureStation 基础上开发的,该系统在 GEOBIA 理论方法指导下,以遥感正射影像为基础,利用收集的参考数据,采用面向对象分类与人工解译相结合的方式,开展自动/半自动提取与解译,生成符合相关应用需求的地理要素数据。

系统界面如图 7-1 所示,主要模块包括文件管理、影像分割、特征提取、样本采集、影像分类、矢量编辑。

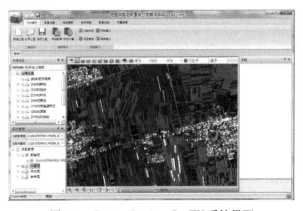

图 7-1　FeatureStation_GeoEX 系统界面

7.1.2　Protégé 软件

Protégé 软件是美国斯坦福大学开发的本体开发工具,也是基于知识的编辑器,已经成为国内外众多本体研究机构的首选工具。它使用 Java 和 open source 作为操作平台,可用于编制本体和知识库。基于该软件框架,实现了 CSV-OWL 格式转换、本体构建和基于本体的影像分类,软件界面如图 7-2 所示。

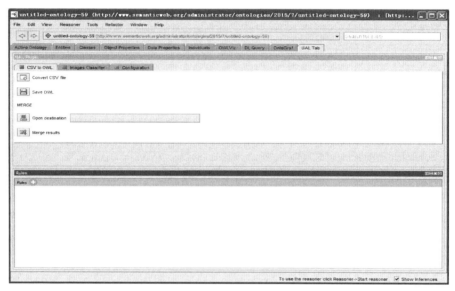

图 7-2　Protégé 软件插件

7.2　实验数据与研究区域

为了验证本方法的有效性,选用两个不同数据源、不同分辨率的高分辨率遥感影像进行地表覆盖分类实验,见表 7-1,根据《地理国情普查内容与指标》(GDPJ 01—2013)要求,主要分出耕地、林地、园地、草地、房屋建筑(区)、道路、荒漠与裸露地表、水域八种地表覆盖类型。

表 7-1　实验数据概况

实验区	云南瑞丽市	陕西临潼区
传感器	ZY-3 号	WorldView-2
像素大小(多光谱/全色)/m	5.8/3.6	2/0.5

续表

实验区	云南瑞丽市	陕西临潼区
发射日期	9/1/2012	6/10/2009
卫星扫描宽度/km	52	16.4
卫星轨道高度/km	505.984	770
重放周期/d	5	1.1
实验影像时相	4/3/2013	7/7/2011

7.2.1 实验一:瑞丽市 ZY-3

瑞丽市位于云南省西部,隶属于德宏傣族景颇族自治州。地理位置处于东经 97.31′~98.02′,北纬 23.38′~24.14′,东连潞西市,北接陇川县,西北、西南、东南三面与缅甸相连。瑞丽地处横断山脉高黎贡山余脉的向南延伸部分,地势西北高东南低,山区占全县面积的 73%,是滇缅公路与中印公路(史迪威公路)的交汇处。瑞丽属南亚热带季风性气候,全年分旱雨两季。瑞丽矿藏、地热、动植物资源丰富,土地肥沃,灌溉便利,是云南省重要的产粮区,盛产橡胶、甘蔗、茶叶、花生、菠萝等经济作物。

实验数据为该区域 2013 年 4 月 3 日的资源三号(ZY-3)多光谱与全色影像,多光谱包含四个波段(蓝波段、绿波段、红波段以及近红外波段),空间分辨率为 5.8m,全色波段空间分辨率为 2.1m。多光谱与全色影像经过几何校正、Pansharp 融合后,得到融合影像,如图 7-3 所示。

图 7-3 ZY-3 融合影像(假彩色)

7.2.2　实验二：临潼区 WorldView-2

临潼区位于陕西关中平原中部，西安市的东北部，是古都西安的东大门。中心经纬度为北纬 $34°22'23''$，东经 $109°12'35''$，自然条件优越，属大陆性暖温带季风气候，四季冷暖、干湿分明，光、热、水资源丰富，主要种植物为优质小麦和玉米。

实验数据为该区域 2011 年 7 月 7 日的 WorldView-2 多光谱与全色影像，影像大小（像素）为 938×1078，WorldView-2 影像包括了八个多光谱波段、一个全色波段，多光谱分辨率为 1.8m，全色分辨率为 0.46m，多光谱各个波段的应用价值如表 7-2 所示。该区域主要地物类型包括道路、房屋建筑（区）、荒漠与裸露地表、林地、草地、园地、耕地。

表 7-2　WorldView-2 多光谱各个波段的应用价值

序号	波段	波长范围/nm	应用价值
1	C 海岸波段	400～450	海水侵蚀，浅海岸海底测量、含水量植物检测
2	B 蓝波段	450～510	含水地物监测、矿产监测、大气监测
3	G 绿波段	510～580	植被检测
4	Y 黄波段	585～625	监测叶绿素，二氧化碳监测、大气监测、真彩色增强
5	R 红波段	630～690	植被长势监测、植被检测
6	RE 红边波段	705～745	植被健康度监测、含水量监测、植被种类分辨
7	近红外 1	770～895	植被区别、土地利用类别
8	近红外 2	860～1040	细化土地利用、植被细类辨别

全色与多光谱的光谱曲线如图 7-4 所示，Pansharp 融合后影像如图 7-5 所示。

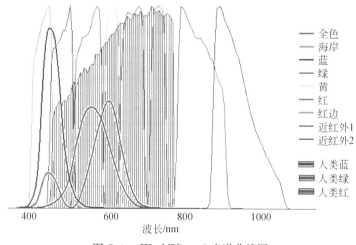

图 7-4　WorldView-2 光谱曲线图

图 7-5　WorldView-2 融合影像(真彩色)

7.3　地理本体驱动的地表覆盖分类实验

根据 4.3 节的地表覆盖实体本体描述,进一步运用专家知识进行描述,针对八种地表覆盖类型,构建其决策树本体模型与专家规则本体模型,进行两个实验区的地表覆盖分类实验与结果分析。

7.3.1　地表覆盖类型概念本体描述

根据各类地表覆盖实体的领域知识,综合运用地理实体概念本体描述方法描述八种地理实体。按形态分为带状与面状;按形状分为规则与不规则;按纹理分为光滑与粗糙;按亮度分为亮、暗;按高度分为高、中、低;按位置关系分为相邻、相离、包含。一般情况下,八种地理实体概念本体描述如下:

(1)耕地=规则+面状+光滑+暗+低+与田埂相邻。

(2)林地=不规则+面状+粗糙+暗+高+与农田相邻+大部分位于山区。

(3)园地=规则+面状+光滑+暗+中+与耕地相邻。

(4)草地=不规则+面状+光滑+暗+低+与房屋建筑(区)相邻。

(5)房屋建筑(区)＝规则＋面状＋粗糙＋亮＋高＋与道路相邻。

(6)道路＝规则＋带状＋光滑＋亮＋低。

(7)荒漠与裸露地表＝不规则＋面状＋粗糙＋亮＋低。

(8)水域＝不规则＋面状＋光滑＋暗＋低。

针对不同地区、不同数据类型,适当扩展和补充规则,实现对地物的语义分类;面向精细分类需求,需要补充精细类别的领域知识。自然场景很复杂,并不是简单的规则就能解决的,需要更多的专家知识。

7.3.2　面向地表覆盖分类的地理本体建模

根据以上对八种地物的描述,主要利用 OWL 对决策树与专家规则进行建模,利用外部工具得到决策树模型,表达成 OWL 形式。专家规则是建立在决策树模型的基础上,通过专家规则进一步得到地物的语义结构信息。

1)决策树建模

利用 C4.5 决策树分类器得到决策树模型,如图 7-6 所示。

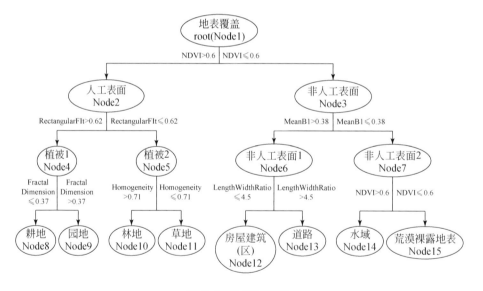

图 7-6　决策树模型

在 Protégé 软件中定义个体的属性,表达如下。

Individual:Node1
Types:
   Root
Facts:
   GreaterThan   Node2,
   LessThanOrEqual Node3,
    NDVI   0.60
Individual:Node2
Types:
   Node
Facts:
   GreaterThan   Node4,
   LessThanOrEqual Node5,
    RectangularFit 0.62
Individual:Node3
Types:
   Node
Facts:
   GreaterThan   Node6,
   LessThanOrEqual Node7,
    MeanB1   0.38
Individual:Node4
Types:
   Node
Facts:
   LessThanOrEqual Node8,
   GreaterThan   Node9,
   FractalDimension 0.37
Individual:Node5
Types:
   Node
Facts:
   GreaterThan   Node10,
   LessThanOrEqual Node11,
   Homogeneity   0.71
Individual:Node6
Types:
   Node

Individual:Node7
Types:
   Node
Facts:
   GreaterThan Node14,
   LessThanOrEqual Node15,
    NDVI   0.6
Individual:Node8
Types:
   Field
Individual:Node9
Types:
   Orchard
Individual:Node10
Types:
   Wood
Individual:Node11
Types:
   Grass
Individual:Node12
Types:
   Build
Individual:Node13
Types:
   Road
Individual:Node14
Types:
   Water
Individual:Node15
Types:
   Bare

```
Facts:
    LessThanOrEqual Node12,
    GreaterThan      Node13,
    LengthWidthRatio  4.5
```

2)专家规则建模

专家规则建模过程包括构建标记规则、构建专家规则两个过程,利用 SWRL 进行表达。标记规则表示如下。

```
RectFit(?x,?y),greaterThanOrEqual(?y,0.5)-> Regular(?x)
RectFit(?x,?y),lessThan(?y,0.5)-> NonRegular(?x)
LengthWidthRatio(?x,?y),greaterThanOrEqual(?y,1)-> Strip(?x)
LengthWidthRatio(?x,?y),lessThan(?y,1)-> Planar(?x)
Homo(?x,?y),greaterThanOrEqual(?y,0.05)-> Smooth(?x)
Homo(?x,?y),lessThan(?y,0.05)-> Corse(?x)
Mean(?x,?y),greaterThanOrEqual(?y,0.38)-> Highlight(?x)
Mean(?x,?y),lessThan(?y,0.38)-> Darklight(?x)
MeanDEM(?x,?y),greaterThanOrEqual(?y,0.6)-> High(?x)
MeanDEM(?x,?y),lessThan(?y,0.2)-> Low(?x)
MeanDEM(?x,?y),greaterThanOrEqual(?y,0.2),lessThan(?y,0.6)-> Middle(?x)
```

这段代码的意思是,矩形拟合度大于 0.5 的为规则形状,小于 0.5 的为不规则形状;长宽比大于 1 的为带状,小于 1 的为面状;同质性大于 0.05 为光滑,小于 0.05 为粗糙;均值大于 0.38 为亮,小于 0.38 为暗;高度大于 0.6 为高,大于 0.2 小于 0.6 为中,小于 0.2 为低。

专家规则如下。

```
Regular(?x),Planar(?x),Smooth(?x),Darklight(?x),Low(?x)-> Field(?x)
NonRegular(?x),Planar(?x),Corse(?x),Darklight(?x),High(?x)-> Wood(?x)
Regular(?x),Planar(?x),Smooth(?x),Darklight(?x),Middle(?x)-> Orchard
(?x)
NonRegular(?x),Planar(?x),Smooth(?x),Darklight(?x),Middle(?x)-> Grass
(?x)
Regular(?x),Planar(?x),Corse(?x),Highlight(?x),High(?x)-> Build(?x)
Regular(?x),Strip(?x),Smooth(?x),Highlight(?x),Low(?x)-> Road(?x)
NonRegular(?x),Planar(?x),Corse(?x),Highlight(?x),Low(?x)-> Bare(?x)
NonRegular(?x),Planar(?x),Smooth(?x),Darklight(?x),Low(?x)-> Water(?x)
```

这段代码的意思是,具备规则、面状、光滑、暗、低性质的为耕地。其中,C(?x) 表示?x 是类别 C 的个体,P(?x,?y)表示属性,x,y 为变量。

3)语义网络模型

利用斯坦福大学开发的 Protégé 本体编辑软件进行建模,如图 7-7 所示。

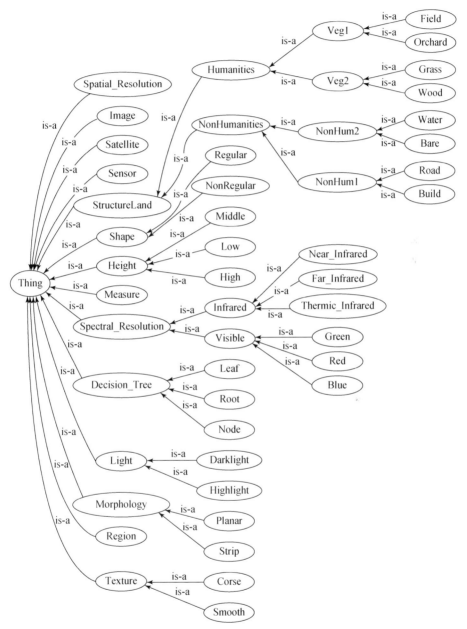

图 7-7　语义网络模型(Protégé 软件展示)

类别包括 Satellite、Sensor、Image、Spatical_Resolution、Decision_Tree、Struc-
tureLand、Shape、Height、Light、Morphology、Texture 等。

对象属性包括 Associated_to、from_Band、from_Satellite、from_Sensor、GreaterThan、has _ Spatial _ Resolution、 has _ Spectral _ Resolution、is _ from、LessThanOrEqual 等。

数据属性包括 NDVI、NDWI、均值、比率、纹理熵、形状指数等低级特征。

个体包括决策树节点 Node、对象 region。

7.3.3 面向地表覆盖的影像对象分类

构建的语义网络模型具有通用性,适当调整并用于这两组地表覆盖分类实验。利用本书提出的分割算法进行分割。利用随机森林进行特征优选,利用决策树进行初始分类,利用专家规则进行语义分类。此外,进行了常规面向对象决策树分类的研究,该方法仍然沿用"影像分割、特征提取、影像分类"过程,分割参数、特征与本方法一致,分类方法采用决策树。

1)影像分割

通过分割实验,得出两组实验的分割参数,见表 7-3。

表 7-3 两组实验分割参数

分割参数 \ 实验	实验一	实验二
尺度	100	150
光谱权重	0.8	0.9
紧致度权重	0.3	0.2

2)特征计算

计算对象的 NDWI、NDVI、分形维数、周长面积比、矩形拟合度、形状指数、长度、宽度、长宽比、各个波段的熵、同质性、均值、比率、标准差等特征,通过随机森林评价对象特征的重要性,两组实验的部分特征重要性见表 7-4。

表 7-4 两组实验部分特征重要性

特征 \ 实验	实验一	实验二
NDVI	29.3	33.2
NDWI	18.7	1.6
红波段同质性	15.8	12.3
蓝波段亮度	9.9	9.2
矩形拟合度	7.8	12.9
长宽比	5.9	13.8
分形维数	4.3	5.8

3) 特征格式转换

将特征转为 OWL 形式,如图 7-8 所示。

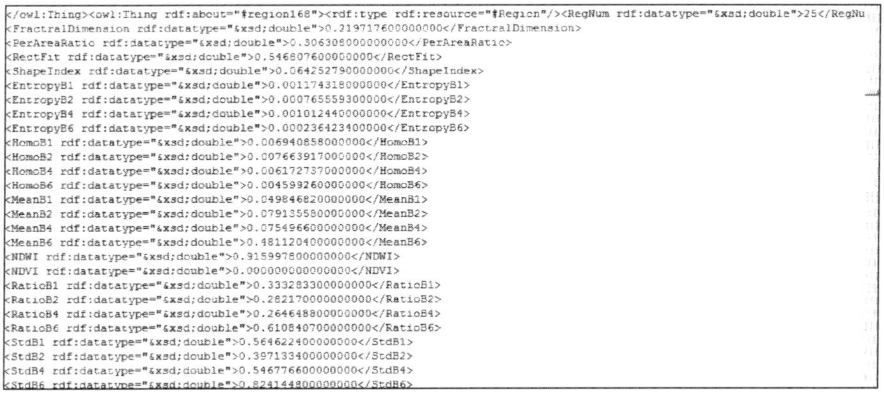

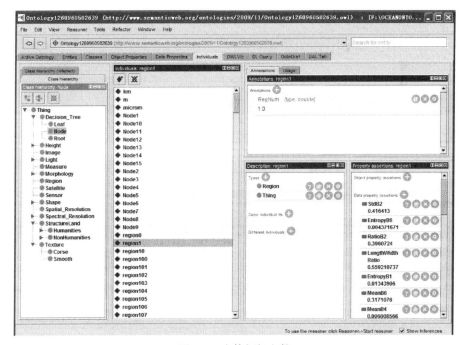

```
</owl:Thing><owl:Thing rdf:about="#region168"><rdf:type rdf:resource="#Region"/><RegNum rdf:datatype="&xsd;double">25</RegNu
<FractralDimension rdf:datatype="&xsd;double">0.219717600000000</FractralDimension>
<PerAreaRatio rdf:datatype="&xsd;double">0.306308000000000</PerAreaRatio>
<RectFit rdf:datatype="&xsd;double">0.546807600000000</RectFit>
<ShapeIndex rdf:datatype="&xsd;double">0.064252790000000</ShapeIndex>
<EntropyB1 rdf:datatype="&xsd;double">0.001174318000000</EntropyB1>
<EntropyB2 rdf:datatype="&xsd;double">0.000765559300000</EntropyB2>
<EntropyB4 rdf:datatype="&xsd;double">0.001012440000000</EntropyB4>
<EntropyB6 rdf:datatype="&xsd;double">0.000236423400000</EntropyB6>
<HomoB1 rdf:datatype="&xsd;double">0.006940858000000</HomoB1>
<HomoB2 rdf:datatype="&xsd;double">0.007663917000000</HomoB2>
<HomoB4 rdf:datatype="&xsd;double">0.006172737000000</HomoB4>
<HomoB6 rdf:datatype="&xsd;double">0.004599260000000</HomoB6>
<MeanB1 rdf:datatype="&xsd;double">0.049846820000000</MeanB1>
<MeanB2 rdf:datatype="&xsd;double">0.079135580000000</MeanB2>
<MeanB4 rdf:datatype="&xsd;double">0.075496600000000</MeanB4>
<MeanB6 rdf:datatype="&xsd;double">0.481120400000000</MeanB6>
<NDWI rdf:datatype="&xsd;double">0.915997600000000</NDWI>
<NDVI rdf:datatype="&xsd;double">0.000000000000000</NDVI>
<RatioB1 rdf:datatype="&xsd;double">0.333283300000000</RatioB1>
<RatioB2 rdf:datatype="&xsd;double">0.282170000000000</RatioB2>
<RatioB4 rdf:datatype="&xsd;double">0.264648800000000</RatioB4>
<RatioB6 rdf:datatype="&xsd;double">0.610840700000000</RatioB6>
<StdB1 rdf:datatype="&xsd;double">0.564622400000000</StdB1>
<StdB2 rdf:datatype="&xsd;double">0.397133400000000</StdB2>
<StdB4 rdf:datatype="&xsd;double">0.546776600000000</StdB4>
<StdB6 rdf:datatype="&xsd;double">0.824144800000000</StdB6>
```

图 7-8　对象特征的 OWL 表示

4) 特征 OWL 本体文件生成

将对象特征以 OWL 格式写入本体框架文件,形成完整的具有对象个体的本
体文件,如图 7-9 所示。

图 7-9　本体框架文件

5）对象初始分类

利用决策树模型对每个对象进行分类，得到每个对象的初始分类信息，以OWL 表示，如图 7-10 所示。

图 7-10　对象的决策树分类结果

6）对象语义分类

在初始分类的基础上，利用专家规则对每个对象再次分类，得到每个对象的语义信息。例如，若对象 38 是规则、面状、平滑、亮，则为耕地，如图 7-11 所示。

7）分类结果展示

将两组实验的分类结果表示为分类图，见图 7-12 和图 7-13。

此外，可以查看各个影像对象的特征、类型及语义信息，对象 10 的信息如图 7-14 所示。

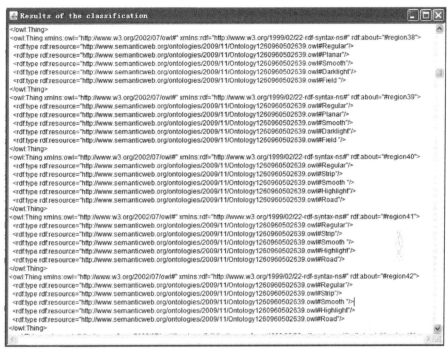

图 7-11　对象语义分类结果

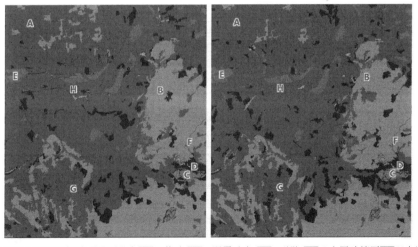

■A耕地■B林地■C园地■D草地■E裸露地表■F道路■G房屋建筑区■H水域

(a)本方法　　　　　　　　　　　　　　　　(b)决策树

图 7-12　实验一云南瑞丽市分类结果

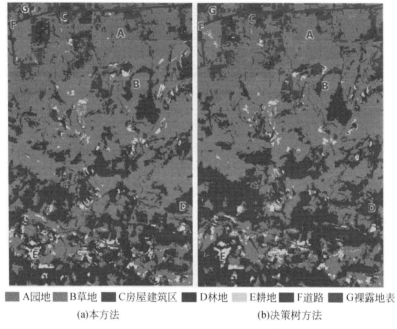

■A园地■B草地■C房屋建筑区　■D林地■E耕地■F道路■G裸露地表

(a)本方法　　　　　　　　　　　　　(b)决策树方法

图 7-13　实验二陕西临潼区分类结果

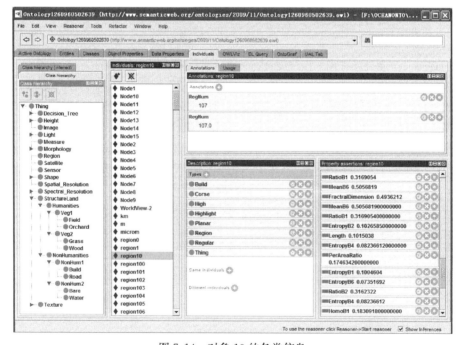

图 7-14　对象 10 的各类信息

7.4　结果分析

7.4.1　视觉分析

从两组实验看,两种分类方法都得到了很好的分类效果,能将八种地表覆盖类型区分开。针对实验一,相比于本方法,决策树方法存在明显的林地、草地、园地混分现象,主要是本方法利用专家规则进行约束,在一定程度上减少了错分与漏分现象,但两种方法还存在明显的房屋建筑(区)错分为道路的现象,主要是两者光谱接近,需要进一步利用形状条件进行约束,利用高度信息进行区分。针对实验二,相比于本方法,决策树方法存在明显的零星房屋建筑(区)错分为耕地、园地混分现象,主要原因是园地、草地、林地光谱特征相似,收割完的耕地与房屋建筑区光谱特征相似,需要进一步利用形态、高度、位置等专家知识进行分类。

7.4.2　精度评价

利用混淆矩阵进行精度评价,两组实验的精度评价如表 7-5~表 7-8 所示。

表 7-5　实验一本方法精度评价

参考＼预测	水域	荒漠	耕地	林地	房屋	道路	园地	草地	总和	生产精度/%
水域	8	0	0	0	0	0	0	0	8	100
荒漠	0	8	0	0	0	0	0	0	8	100
耕地	0	0	15	0	0	1	0	1	17	88.24
林地	0	0	0	11	0	0	0	0	11	100
房屋	0	0	0	0	6	1	0	0	7	85.71
道路	0	0	0	0	1	2	0	0	3	66.67
园地	2	0	0	0	0	1	5	2	10	50
草地	0	0	0	0	0	0	0	6	6	100
总和	10	8	15	11	7	5	5	9	70	
用户精度/%	80	100	100	100	85.71	40	100	66.67		

总体精度 ＝87.14%,Kappa 系数 ＝ 85.04%

表 7-6   实验一决策树方法精度评价

参考 \ 预测	水域	荒漠	耕地	林地	房屋	道路	园地	草地	总和	生产精度/%
水域	9	0	1	0	0	0	0	0	10	90
荒漠	0	8	0	0	0	0	0	0	8	100
耕地	0	0	14	0	0	1	1	2	18	77.78
林地	0	0	0	11	0	0	0	0	11	100
房屋	0	0	0	0	6	1	0	0	7	85.71
道路	0	0	0	0	1	3	0	0	4	75
园地	0	0	1	0	0	0	5	1	7	71.43
草地	0	0	1	0	0	0	0	4	5	80
总和	9	8	17	11	7	5	6	7	70	
用户精度/%	100	100	82.35	100	85.71	60	83.33	57.14		

总体精度 ＝85.71%,Kappa 系数 ＝ 83.24%

表 7-7   实验二本方法精度评价

参考 \ 预测	耕地	园地	林地	草地	房屋	道路	荒漠	总和	生产精度/%
耕地	28	0	0	0	0	0	1	29	96.55
园地	0	27	1	2	0	0	0	30	90.00
林地	0	1	29	0	0	0	0	30	96.67
草地	1	2	0	28	0	1	0	32	87.50
房屋	0	0	0	0	30	5	1	36	83.33
道路	1	0	0	0	0	23	1	25	92.00
荒漠	0	0	0	0	0	1	7	8	87.50
总和	30	30	30	30	30	30	10	190	
用户精度/%	93.33	90.00	96.67	93.33	100.00	76.67	70.00		

总体精度 ＝ 90.53%,Kappa 系数 ＝ 88.81%

表 7-8　实验二决策树方法精度评价

参考 \ 预测	耕地	园地	林地	草地	房屋	道路	荒漠	总和	生产精度/%
耕地	29	0	0	0	0	1	0	30	96.67
园地	0	27	0	0	0	0	0	27	100.00
林地	0	0	29	0	0	0	0	29	100.00
草地	1	3	1	30	0	1	0	36	83.33
房屋	0	0	0	0	26	5	4	35	74.29
道路	0	0	0	0	4	22	0	26	84.62
荒漠	0	0	0	0	0	1	6	7	85.71
总和	30	30	30	30	30	30	10	190	
用户精度/%	96.67	90.00	96.67	100.00	86.67	73.33	60.00		

总体精度 = 88.95%, Kappa 系数 = 86.94%

两组实验总体精度对比如图 7-15 所示。实验一中两种方法各个地类的生产精度如图 7-16 所示。实验二中两种方法各个地类的生产精度如图 7-17 所示。

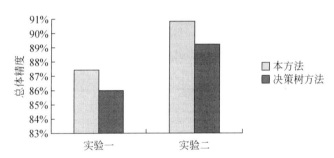

图 7-15　两组实验总体精度对比图

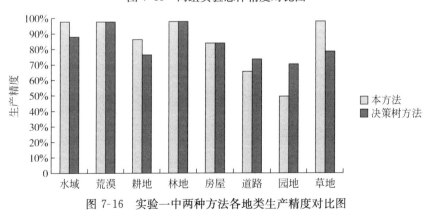

图 7-16　实验一中两种方法各地类生产精度对比图

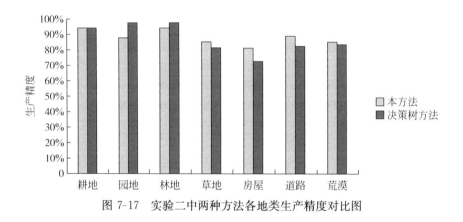

图 7-17　实验二中两种方法各地类生产精度对比图

综上分析分类精度评价结果,可以得出如下结论。

(1)从总体精度来看,两组实验中,两种分类方法都得到比较满意的总体分类精度,本方法的总体精度比决策树方法高 2% 左右,分别为 87.14%、90.53%。证明本方法通过客观描述地表覆盖类型,建立地理本体语义网络模型,在一定程度上提高了分类精度。

(2)从生产精度来看,对于实验一,本方法得到的水域、耕地、草地的精度明显高于决策树方法,荒漠、林地、房屋的精度与决策树方法保持一致,道路、园地精度低于决策树方法。由于本实验区位于南方瑞丽郊区,道路细长,且道路光谱易与房屋建筑混淆。对于实验二,本方法得到的草地、房屋、道路、荒漠的精度明显高于决策树方法,耕地保持一致,园地、林地略低于决策树方法。

7.4.3　实验总结

在遥感影像分类地理本体框架指导下,在地理实体概念本体描述、遥感影像分类地理本体建模、地理本体驱动的影像对象分类方法研究的基础上,以云南瑞丽市的 ZY-3、陕西临潼区的 WorldView-2 为实验数据,开展了面向地理国情普查的地表覆盖分类实验,实验证明了本书提出的框架、模型与方法的可行性,该方法通过并行分割、特征优选、语义分类技术,不仅能够得到反映真实地理对象的遥感影像分类结果及语义信息,而且能够实现遥感影像分类各个元素的客观建模、影像对象的语义分类以及领域知识的共享,可追踪性强、结果可信度高、移植性高、复用性强。然而,本方法仍然存在缺陷,需要进一步优化样本、特征、分类器、专家规则等,以提高分类方法的稳健性和影像的提取精度。

7.5　小　　结

　　本章在遥感影像分类地理本体框架指导下,以第 4～6 章的模型与方法为基础,以中国测绘科学研究院开发的地理要素提取与解译系统 FeatureStation_GeoEX、美国斯坦福大学开发的 Protégé 软件为实验平台,面向地理国情普查中的地表覆盖分类,构建了面向地表覆盖分类的语义网络模型,以 ZY-3、WorldView-2 高分辨率遥感影像为实验数据,开展了地理本体驱动的基于语义网络模型的地表覆盖语义分类实验,验证了本书提出的框架与方法的有效性与复用性,可以进一步调整与优化,将其推广应用到类似区域、相近时间、类似数据的地表覆盖分类中。本方法已经集成到 FeatureStation_GeoEX 中,在地理国情普查中得到应用,为该软件的发展奠定了理论与方法基础。

第8章　滑坡识别实验

本章是在研究遥感影像分类地理本体框架"地理实体概念本体描述—遥感影像分类地理本体建模—地理本体驱动的影像对象分类"的基础上,进行实验论证。面向滑坡灾害监测,以 Resourcesat-1 多光谱影像和 Cartosat-1 生成的 DEM 为实验数据,基于荷兰特温特大学公开的滑坡提取规则集,在 eCognition 解译环境及 Protégé 本体编辑环境下开展滑坡本体识别实验。

8.1　实验数据与研究区域

研究区位于印度玛亚马赫什瓦(Madhyamaheshwar)河的集水区,该地区经常发生滑坡灾害,开展滑坡识别研究有助于滑坡风险建模与预警。研究数据来自荷兰特温特大学地理信息科学与地球观测学院的网上共享数据(https://www.itc.nl/OOA-group),包括多光谱数据和 DEM 数据:①多光谱数据是由搭载在 IRS-P6(Resourcesat-1)卫星上线性成像自扫描(LISS-IV)传感器于 2004 年 4 月 16 日获取,包括近红外(0.7~0.86μm)、红(0.62~0.68μm)、绿(0.52~0.59μm)三个波段,星下点几何分辨率为 5.8m,主要用来影像分割以及光谱特征提取;②DEM 数据是由 IRS-P5(Cartosat-1)卫星于 2006 年 4 月 6 日获取的立体

图 8-1　实验区多光谱影像

像对通过数字摄影测量的方法制作而成,空间分辨率为 10m,垂直方向上均方根误差(root mean square error,RMSE)为 2.31m,主要用于产生坡度、坡向、山体阴影、地表曲率、剖面曲率、水流方向等 DEM 衍生数据。多光谱影像如图 8-1 所示。

8.2　地理本体驱动的滑坡识别与分类实验

8.2.1　滑坡概念本体描述

滑坡是斜坡岩土体沿着贯通的剪切破坏面所发生的滑移地质现象。滑坡的机制是某一滑移面上剪应力超过了该面的抗剪强度。根据不同的分类要素,滑坡具有不同的类型。根据物质构成,分为土质与岩质;根据移动形式,分为平移与旋转。本章主要描述泥石流、浅平移岩石滑坡、平移岩石滑坡、旋转岩石滑坡四种滑坡类型,如表 8-1 所述。

表 8-1　滑坡概念本体描述

类型	特征	结构示意图	影像解译示意图
泥石流	在风化带或厚泥土覆盖,坡度较缓,长度不长	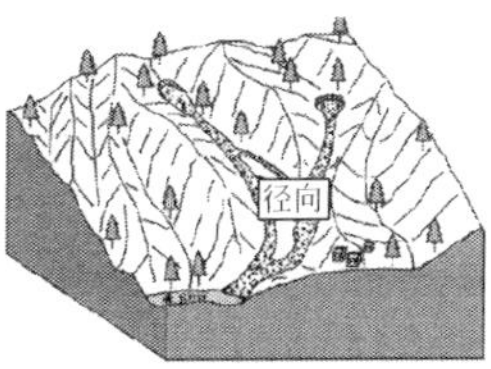	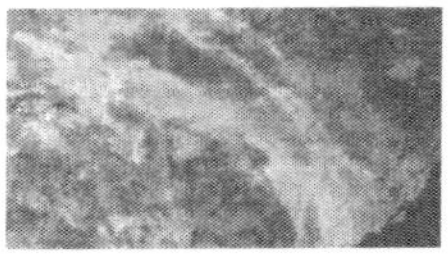
浅平移岩石滑坡	在深度较浅的岩石地,为相对狭窄且细长的形状	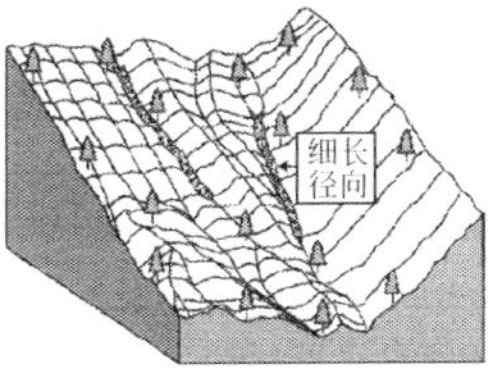	
平移岩石滑坡	在岩石地区,坡度较缓、地形曲率较平	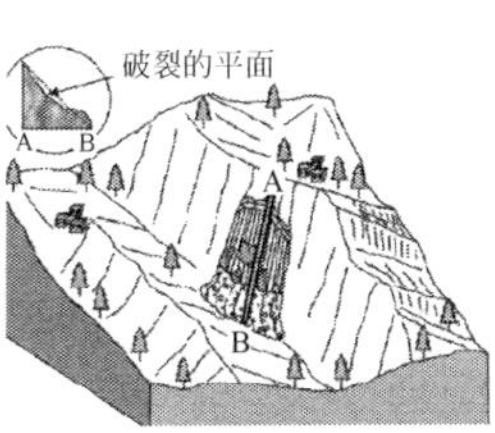	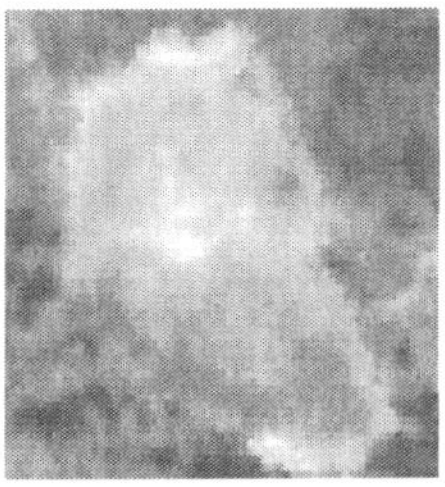

续表

类型	特征	结构示意图	影像解译示意图
旋转岩石滑坡	在岩石地区,坡度较陡,地形弯曲向上凹		

8.2.2　滑坡地理本体建模

滑坡规则集是采用分级分类的策略,先进行滑坡识别,然后进行滑坡分类。

1)滑坡提取规则 SWRL 本体表达

首先确定候选滑坡对象。滑坡发生后,裸露的岩石和碎屑被暴露出来,这使它与山区的植被有很好的区分度,因此用 NDVI 来确定候选对象;然后利用光谱、形态和上下文等信息逐步剔除阴影、水体、滩涂、建筑区、耕地、荒地、道路等七类易混地物,即可得到滑坡对象。特征主要包括 Relief、FlowDir-MainDir、NDVI、Mean Ndvi、MeanLayper 3、MeanHill_shade、MeanSlope、Mean Brightness、Mean Diff. to neighbors Layer 2(1)、Length/Width、Compactness、GLCMHomogeneity(quick 8/11)Layer 2(all dir.)、GLCMMean(quick 8/11)Layer 2(all dir.)、Distance to water。将规则集用 SWRL 本体语言进行表达,如表 8-2 所示。

表 8-2　滑坡识别规则集 SWRL 本体表达

类别	规则集	SWRL 本体表达
LandslidesAll	MeanNdvi< = 0.18	MeanNdvi(?x,?MeanNdvi),lessThan(?MeanNdvi,0.18) -> LandslidesAll(?x)
Background	MeanLayper 3 = 0	MeanLayer3(?x,?MeanLayer3),equal(?MeanLayer3, 0)-> Background(?x)
Shadow	MeanNdvi > = 0.1 < = 0.18 MeanHill_shade< = 92	MeanHill (?x,?MeanHill), MeanNdvi (?x,?MeanNdvi), greaterThanOrEqual(?MeanNdvi,0.1),greaterThanOrEqual(0.18,?MeanNdvi),lessThan(?MeanHill,92)-> Shadow(?x)

类别	规则集	SWRL 本体表达
Water	MeanNdvi< = 0.18 MeanLayer 3< = 55 MeanSlope< = 5	MeanNdvi（?x,?MeanNdvi），lessThan（?MeanNdvi，0.18），MeanLayer3（?x,?MeanLayer3），lessThan（?MeanLayer3,55），MeanSlope（?x,?MeanSlope），lessThan(?MeanSlope,5)- > Water(?x)
MainRiversand	MeanNdvi< = 0.18 Distance to water< = 100 Relief< = 30 MeanSlope< = 20 Brightness> = 65	MeanNdvi（?x,?MeanNdvi），lessThan（?MeanNdvi，0.18），Distance（?x,?Distance），lessThan（?Distance,100），Relief（?x,?Relief），lessThan（?Relief,30），MeanSlope（?x,?MeanSlope），lessThan（?MeanSlope,20），Brightness(?x,?Brightness)，greaterThanOrEqual(?Brightness,65)- > MainRiversand(?x)
TributaryRiver-sand	MeanNdvi< = 0.08 MeanSlope< = 15 Relief< = 20	MeanNdvi（?x,?MeanNdvi），lessThan（?MeanNdvi，0.08），Relief(?x,?Relief)，lessThan(?Relief,20)，MeanSlope(?x,?MeanSlope)，lessThan(?MeanSlope,15)- > Tributary Riversand(?x)
BuiltupArea	MeanNdvi< = 0.18 MeanSlope< = 12 GLCMHomogeneity（quick 8/11）Layer 2(all dir.)[0.15~0.2] Compactness< 2.5	MeanNdvi(?x,?MeanNdvi)，lessThan(?MeanNdvi,0.18)，Compactness(?x,?Compactness)，lessThan(?Compactness,2.5)，MeanSlope(?x,?MeanSlope)，lessThan(?MeanSlope,12)，GLCMHomog2(?x,?GLCMHomog2)，greater ThanOrEqual(?GLCMHomog2,0.15)，greaterThanOrEqual(0.2,?GLCMHomog2)- > BuiltupArea(?x)
AgriculturalLand	MeanNdvi< = 0.18 GLCMMean（quick 8/11）Layer 2(all dir.)[55~90] NDVI> = 0.094 MeanSlope< = 30	MeanNdvi(?x,?MeanNdvi)，lessThan(?MeanNdvi,0.18)，MeanSlope(?x,?MeanSlope)，lessThan(?MeanSlope,30)，GLCMMean2（?x,?GLCMMean2），greaterThanOrEqual（?GLCMMean2,55），greaterThanOrEqual（90,?GLCMMean2），NDVI(?x,?NDVI)，greaterThanOrEqual(?NDVI,0.094)- > AgriculturalLand(?x)
BarrenLand	MeanNdvi< = 0.18 Brightness< = 90 NDVI> = 0.12 MeanSlope> = 30	MeanNdvi（?x,?MeanNdvi），lessThan（?MeanNdvi，0.18），Brightness（?x,?Brightness），lessThan（?Brightness,90），MeanSlope(?x,?MeanSlope)，greaterThanOrEqual（?MeanSlope,30），NDVI（?x,?NDVI），greaterThanOrEqual(?NDVI,0.12)- > BarrenLand(?x)
Road	MeanNdvi< = 0.18 Length/Width> = 3 Mean Diff. to neighbors Layer 2(1)> = 6.18 FlowDir- MainDir[80- 96.5]	MeanNdvi(?x,?MeanNdvi)，lessThan(?MeanNdvi,0.18)，FlowDirMai(?x,?FlowDirMai)，greaterThanOrEqual（?FlowDirMai,80)，greaterThanOrEqual(96.5,?FlowDirMai)，LengthWidt(?x,?LengthWidt)，greaterThanOrEqual(?LengthWidt,3)，MeanDiff(?x,?MeanDiff)，greaterThanOrEqual(? MeanDiff,6.18)- > Road(? x)

2)滑坡分类规则 SWRL 本体表达

在滑坡识别的基础上,进一步进行细分。特征主要包括 Rel. Border ToNonrocky (agr.)、MeanSlope、Length、Asymmetry、MeanProfcurv、MeanCurvature。将规则集用 SWRL 本体语言进行表达,如表 8-3 所示。

表 8-3　滑坡分类规则集 SWRL 本体表达

类型	规则	SWRL 本体表达
泥石流	Rel. BorderTo Nonrocky (agr.)> = 0.5 MeanSlope> = 25 Length> = 500	BorderToNonrocky(?x,?BorderToNonrocky),greater ThanOrEqual(?BorderToNonrocky,0.5),Mean　Slope (?x,?MeanSlope),greaterThanOrEqual(?MeanSlope, 25),Length(?x,?Length),greaterThanOrEqual(? Length,500)- > DebrisFlow(?x)
浅平移岩石滑坡	Rel. BorderToNonrocky (agr.)> = 0.5 Asymmetry> = 0.95 MeanSlope> = 25	BorderToNonrocky(?x,?BorderToNonrocky),greater ThanOrEqual(?BorderToNonrocky,0.5),MeanSlope (?x,?MeanSlope),greaterThanOrEqual(?MeanSlope, 25),Asymmetry(?x,?Asymmetry),greaterThanOrEqual(? Asymmetry,0.95)- > ShallowTranslationalSlide(?x)
平移岩石滑坡	Rel. BorderToNonrocky (agr.)> = 0.5 Meanprofcurv< = 1	BorderToNonrocky(?x,?BorderToNonrocky),greater ThanOrEqual(?BorderToNonrocky,0.5),MeanProfcurv(?x, ?MeanProfcurv),lessThan(?MeanProfcurv,30)-> Tran- slationalSlide(?x)
旋转岩石滑坡	Rel. BorderToNonrocky (agr.)> = 0.5 MeanCurvature< = - 1	BorderToNonrocky(?x,?BorderToNonrocky), great- erThanOrEqual(? BorderToNonrocky, 0.5), Mean Curvature(?x,?MeanCurvature),lessThan(?Mean- Curvature,- 1)-> RotationalSlide(?x)

8.2.3　滑坡对象识别与分类

1)影像分割

对多光谱影像进行多尺度分割,当尺度参数设为 10、形状因子 shape 设为 0.1、紧致度因子 compactness 设为 0.5 时,有利于滑坡的提取。

2)特征计算

将所选特征保存为 CSV 格式,如图 8-2 所示,列表示各个对象的指定特征值, 行表示各个对象的所有特征值,第 1 行表示所选特征,第 2 行表示特征的类型。

	A	B	C	D	E	F	G	H	I	J	K	L	M	N
1	GLCMHomog	GLCMMean2	Relief	NDVI	FlowDirMa	LengthWic	Distance	MeanSlope	MeanNdvi	MeanHill	MeanLayer	MeanDiff	Compactne	Brightness
2	double	double	double	double	double	double	double	double	double	double	double	double	double	double
3	1	0	0		90.00252	1.515625	6772.1	0	0	0	0	0	1	0
4	1	0	0		0.000826	1.166667	6906.392	0	0	0	0	0	1	0
5	1	0	0		0.000296	1.416667	6758.469	0	0	0	0	0	1	0
6	1	0	0			1	6743.465	0	0	0	0	0	1	0
7	0.958258	0.744669	2607.942		46.42179	1.170732	6704.25	0	0.62696	0	0	-7.48462	1.721785	0
8	0.097645	53.43651	2620.719	0.157468	2.44E+31	3	6781.727	0.157573	55.90696	-4096	89.125	45.51676	1.5	70.66666667
9	0.174768	45.65123	2620.719	0.283145	4.08E+31	1.681549	6732.621	0.28449	46.70132	-506.518	82.5445	29.68847	2.212705	58.39616056
10	0.258093	40.89076	65.21582	0.373085	118.1951	1.357143	6707.342	0.373004	41.66476	231.877	88.52459	-5.08139	2.180328	57.66666667
11	0.230859	33.89168	2604.879	0.322453	9.362835	5.301085	6715.767	0.320589	66.39669	25.5098	70.30392	18.59792	2.584784	49.09803922
12	0.244012	42.17178	90.75293	0.34955	98.26733	2.854941	6618.081	0.349709	40.06513	233.5019	86.75676	-3.82613	1.93582	57.74388674
13	0.21367	47.15631	55.28003	0.22807	134.4907	1.669026	6704.642	0.228182	39.83591	218.2059	75.14706	2.882752	1.520354	56.28431373
14	0.227758	45.96201	79.177	0.233864	39.46055	2.326179	6637.719	0.233702	36.42377	241.4086	74.2043	3.565483	1.575923	55.41218638
15	0.113868	52.718	96.11792	0.27026	143.531	2.75	6656.713	0.271444	41.96927	193.8617	92.12766	5.928357	1.87234	65.5035461
16	0.27103	43.04103	101.9482	0.297103	143.118	1.255321	6621.399	0.296131	38.77635	222.6059	79.18719	-2.78214	1.734445	55.67651888
17	0.246659	41.72609	76.80688	0.276456	131.266	1.265122	6562.5	0.276184	36.90501	227.2775	73.26794	-3.34772	1.896696	52.93141946
18	0.150182	52.75169	30.88892	0.254055	137.0875	1.329663	6585.597	0.255632	24.62156	250.0381	89.8381	11.60503	1.463946	64.54603175
19	0.235829	41.65149	111.6042	0.32954	44.57219	2.504349	6543.56	0.329574	37.60681	234.3596	81.39326	-3.34492	2.650408	55.55805243
20	0.984837	0.295123	0		17.61604	1.882353	6611.89	0	0	0	0	-0.4116	1.462366	0
21	0.181224	62.62631	55.94189	0.208894	146.8013	1.125	6610.494	0.210195	28.32556	235.1591	97.61364	19.45661	2.181818	73.04545455
22	0.214422	46.02398	96.51563	0.309611	152.4128	1.433991	6560.868	0.310543	37.86668	232.6897	86.38916	-1.35762	1.885984	59.60262726
23	0.206681	43.05498	2486.88	0.364309	112.2819	1.210526	6587.431	0.365367	43.4473	163.5913	92.17391	22.10779	3.8	60.42318841
24	0.157247	50.03568	73.89136	0.24728	118.2163	1.021372	6519.92	0.247686	43.65262	227.9385	85.55385	7.879456	2.382626	62.45641026
25	0.178405	46.12653	67.54297	0.369926	136.1887	2.555556	6551.137	0.370201	37.65935	244.6351	100.3378	0.435627	2.797297	65.16216216
26	0.206088	44.94301	99.0166	0.275122	56.71877	1.162307	6496.366	0.275317	38.98114	226.2342	78.42405	-0.39809	2.021149	56.52531646
27	0.169341	58.68894	45.58594	0.247553	142.602	1.2	6499.037	0.248527	36.98028	242.6835	100.0253	16.38048	1.518987	71.91561181
28	0.174618	47.40822	73.9812	0.318191	59.99028	2.333995	6483.482	0.319491	42.08577	222.7746	92.3662	1.217751	2.299218	63.06103286
29	0.169561	52.44656	55.60132	0.242962	137.9829	1.263744	6453.976	0.242913	40.43658	234.5529	87.27059	8.682531	1.955639	63.90196078
30	0.227987	43.11586	151.2844	0.37018	117.9977	1.585223	6504.917	0.370657	39.67068	237.7028	93.06192	-3.27674	2.145866	60.62848297
31	0.21769	44.46234	79.19849	0.30731	151.568	2.723557	6453.002	0.307064	43.58855	232.0526	83.14035	-1.12882	2.112525	57.90350877
32	0.174667	38.5763	2512.443	0.323909	36.16658	3.312002	6597.633	0.323994	43.91597	73.01471	78.5	35.83463	2.847196	53.99264706
33	0.100154	61.40511	2512.443	0.198962	99.36845	1.315475	6532.599	0.200307	37.2618	199.1023	94.46591	19.14803	2.044504	71.65530303

图 8-2　对象特征 CSV 格式

3)特征格式转换

将 CSV 格式转为 OWL 格式,某一对象特征 OWL 表示如图 8-3 所示。

```
<!-- http://www.w3.org/2002/07/owl#region2657 -->

<Thing rdf:about="&owl;region2657">
    <rdf:type rdf:resource="&owl;NamedIndividual"/>
    <rdf:type rdf:resource="&owl;Region"/>
    <MeanDiff rdf:datatype="&xsd;double">-3.08011021002287</MeanDiff>
    <GLCMHomog2 rdf:datatype="&xsd;double">0.202025026082992</GLCMHomog2>
    <NDVI rdf:datatype="&xsd;double">0.269500580720092</NDVI>
    <MeanSlope rdf:datatype="&xsd;double">0.269590479987008</MeanSlope>
    <Compactness rdf:datatype="&xsd;double">1.77313304801709</Compactness>
    <LengthWidt rdf:datatype="&xsd;double">1.78029948450607</LengthWidt>
    <MeanHill rdf:datatype="&xsd;double">223.458333333333</MeanHill>
    <MeanNdvi rdf:datatype="&xsd;double">39.4551082792736</MeanNdvi>
    <Distance rdf:datatype="&xsd;double">3958.96880396221</Distance>
    <GLCMMean2 rdf:datatype="&xsd;double">47.0837557446211</GLCMMean2>
    <Brightness rdf:datatype="&xsd;double">58.8392857142857</Brightness>
    <Relief rdf:datatype="&xsd;double">61.950439453125</Relief>
    <MeanLayer3 rdf:datatype="&xsd;double">81.3273809523809</MeanLayer3>
    <FlowDirMai rdf:datatype="&xsd;double">88.9930125993294</FlowDirMai>
</Thing>
```

图 8-3　OWL 特征表示

4)对象语义分类

利用 FaCT++推理机,根据各个类别的 SWRL 规则,推出每个对象的类别,可以查看各个对象的特征及语义信息,如 region2591 为 water,如图 8-4 所示。

图 8-4　对象语言查询

5)对比实验

在相同分割尺度、特征、样本条件下,对 NDVI 确定的候选滑坡对象,利用 CART、SVM、KNN、Bayes、规则集方法进行滑坡识别,识别结果如图 8-5 所示。在滑坡识别的基础上进行滑坡分类,分类结果如图 8-6 所示。

(a) CART　　　　　　　　(b) SVM　　　　　　　　(c) KNN

(d) Bayes　　　　　　　　　(e) 规则集

图 8-5　滑坡识别结果

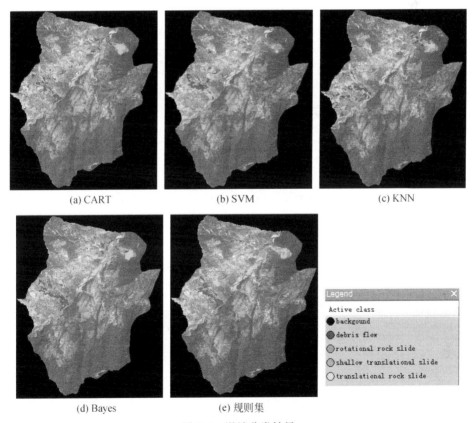

(a) CART　　　　　　　　(b) SVM　　　　　　　　(c) KNN

(d) Bayes　　　　　　　　　(e) 规则集

图 8-6　滑坡分类结果

8.3　结　果　分　析

8.3.1　视觉分析

1)滑坡识别

从视觉效果上看,五种方法都得到了很好的分类效果,能将滑坡识别区分出来。CART 和规则集识别效果最好,其次是 Bayes,滑坡识别效果最差的是 SVM 和 KNN。SVM 方法存在明显的滑坡、荒地和耕地混分现象;KNN 方法存在明显的滑坡和滩涂混分现象;Bayes 方法存在明显的滑坡和耕地混分现象;CART 方法存在滑坡、滩涂和耕地混分现象;规则集方法存在滑坡、滩涂和耕地混分现象。

2)滑坡分类

从视觉效果上看,五种方法都得到了很好的分类效果,能将四种滑坡类型区分开。规则集的分类效果最好,其次是 CART 和 Bayes,滑坡分类效果最差的是 SVM 和 KNN。SVM 方法存在明显的浅层平移岩石滑坡、泥石流和旋转岩石滑坡混分现象;KNN 方法存在明显的平移岩石滑坡、旋转岩石滑坡和泥石流混分现象;Bayes 方法存在明显的泥石流和旋转岩石滑坡混分现象;CART 方法存在浅层平移岩石滑坡、泥石流和旋转岩石滑坡混分现象;规则集方法存在浅层平移岩石滑坡、泥石流和旋转岩石滑坡混分现象。

8.3.2　精度评价

利用混淆矩阵对滑坡识别结果进行精度评价,五种方法的用户精度与生产精度如表 8-4 所示,总体精度与 Kappa 系数如表 8-5 所示。五种方法总体精度对比如图 8-7 所示。

表 8-4　五种方法用户精度与生产精度

方法 类型	CART		SVM		KNN		Bayes		规则集	
	UC/%	PC/%	UC/%	PC/%	UC/%	PC/%	UC/%	PC/%	UC/%	PC/%
水体	100	47.73	100	18.18	100	6.82	100	6.82	93.10	90
耕地	83.33	92.59	94.87	68.52	77.97	85.19	92.72	94.44	76.92	96.77
阴影	97.87	95.83	93.88	95.83	97.83	93.75	93.75	93.75	100	93.33
滩涂	75.41	97.87	92.11	74.47	55.00	93.62	86.79	97.87	96.30	86.67
道路	100	96.65	23.91	95.65	67.65	100	73.33	95.65	100	14.29

续表

方法 类型	CART		SVM		KNN		Bayes		规则集	
	UC/%	PC/%	UC/%	PC/%	UC/%	PC/%	UC/%	PC/%	UC/%	PC/%
建筑区	84.00	87.5	95.24	83.33	80.77	87.5	46.51	83.33	100	42.86
滑坡	87.27	97.96	86.05	75.51	75.47	81.63	87.50	100	81.08	100
荒地	96.30	92.85	85.45	83.93	88.64	69.64	92.98	94.64	93.55	96.67

表 8-5 五种方法总体精度和 Kappa 系数

方法 精度	总体精度/%	Kappa 系数/%
CART	88.70	86.93
SVM	73.04	69.33
KNN	75.65	71.94
Bayes	83.77	81.33
规则集	89.23	87.29

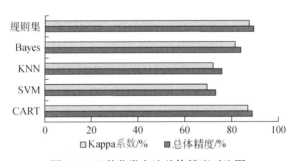

图 8-7 五种分类方法总体精度对比图

从总体精度看,五种方法总体精度排序是:规则集 > CART > Bayes > KNN > SVM,分别为 89.23%、88.70%、83.77%、75.65%、73.04%。从用户精度看,规则集和 CART 的八类地物的精度总体上高于其他三种方法,而 Bayes 方法的建筑区的精度低于其他四种方法,KNN 方法的滩涂精度明显低于其他方法,SVM 方法的道路精度最低。

规则集与 CART 分类效果相当。规则集利用了人类解译的知识与经验,能够很好地进行滑坡识别与分类,但不能自动进行特征选择,建立规则集的过程是反复目视判断的过程,效率低。CART 决策树能够自动选择特征,自动建立规则集,但是可能会存在过拟合现象。实际运用时,可以利用 CART 自动构建决策树,辅助进行规则集的构建,在保证分类精度的前提下提高规则集的构建效率。

8.4　小　　结

本章在遥感影像分类地理本体框架指导下,以 eCognition、Protégé 为实验平台,开展滑坡识别实验。根据已有规则集,构建滑坡提取本体模型,利用 FaCT++ 推理机进行推理,得到各个对象的分类类别。与 CART、SVM、KNN、Bayes 方法进行对比分析,研究表明,将规则集以人与计算机容易理解的 SWRL 本体语言进行表达,实现了滑坡领域知识及其规则集的透明化,利用 FaCT++ 进行推理,能够自动检测滑坡本体的逻辑一致性,有助于滑坡领域知识的形式化、共享。滑坡本身具有复杂性,很难建立通用的滑坡本体,本章仅根据将现有的规则集用 SWRL 本体语言表达,利用 FaCT++ 进行推理,识别出滑坡,初步证明了本书框架与方法可以应用于滑坡识别,需要更多专家学者结合专业领域知识,建立更专业的本体,实现滑坡知识的共享。

后　记

　　遥感影像分类一直是国际遥感领域研究的热点和难点问题。地理本体、地理认知的进步为遥感影像分类带来了真正的革命。本书面向遥感影像分类的自动化、智能化，从地理本体理论角度出发，研究遥感影像地理本体建模驱动的对象分类技术，提出"地理实体概念本体描述—遥感影像分类地理本体建模—地理本体驱动的影像对象分类"遥感影像分类地理本体框架，客观描述地理实体概念本体，构建遥感影像分类地理本体模型，研究地理本体驱动的影像对象分类方法，为遥感影像分类提供通用性整体框架、客观模型和新型方法，从而推动遥感影像分类的发展及工程化应用，主要取得了以下成果。

　　(1)提出"地理实体概念本体描述—遥感影像分类地理本体建模—地理本体驱动的影像对象分类"遥感影像分类地理本体框架。由于缺乏对 GEOBIA 各个元素的客观建模，影像分类高度主观而且难以重复应用。从地理本体理论角度出发，提出遥感影像地理本体解译框架，该框架利用地理本体链接主客观知识，实现对地理实体的统一认知与客观描述，避免不同专家由于不同解译经验带来结果不一致的问题；利用语义网络模型有机组织和显式表达各种知识，以计算机可操作的形式化语言明确表达语义关系；联合机器学习与专家规则实现地理本体驱动的影像对象分类，为遥感影像分类提供标准、科学的框架、客观模型及新型方法，变遥感影像分类的不确定性为确定性，提高影像分类的科学性，从而推动其自动化发展及工程化应用。

　　(2)建立面向地理本体建模的地理实体概念与知识体系。面向遥感影像分类客观建模需求，从地理知识、遥感影像特征、影像对象特征、专家知识四个方面总结归纳地理实体领域知识，建立地理实体领域知识的概念本体框架，提高地理实体表达的客观性，确保描述地理实体知识的一致性，避免由于专家知识不同而导致结果不一致。具体以地表覆盖实体为例，总结归纳了地表覆盖实体的领域知识，构建了地表覆盖实体概念本体，为遥感影像分类地理本体建模奠定了知识基础。

　　(3)建立遥感影像分类地理本体模型。在构建地理实体概念体系与知识体系的基础上，利用网络本体语言 OWL 构建了遥感影像、影像对象、分类器的本体模型，具体给出了决策树及专家规则两种典型分类器的本体模型，利用斯坦福大学开发的 Protégé 本体编辑软件进行了模型表达，形式化表达了整个语义网络模型，为地理本体驱动的影像对象分类提供了客观的模型。

（4）提出地理本体驱动的影像对象分类方法的四个层次。①影像分类地理本体模型构建；②图论与分形网络演化相结合的遥感影像并行分割；③基于随机森林的特征自动优选；④基于语义网络模型的影像对象语义分类。实验证明，该方法在遥感影像分类地理本体框架指导下，通过研究并行分割、特征优选、语义分类技术，不仅能够得到客观反映地理实体的分类结果及语义信息，而且能够实现地理实体领域知识的共享与语义网络模型的复用，推动了数据驱动方法向知识驱动方法的转变。

（5）开展了面向地理国情普查的遥感影像地表覆盖分类实验。面向地表覆盖分类中的耕地、林地、园地、草地、房屋建筑（区）、道路、荒漠与裸露地表、水域八种类型，以云南瑞丽市、陕西临潼区为实验区，以 ZY-3、WorldView-2 高分辨率影像为数据源，以中国测绘科学研究院开发的地理要素提取与解译系统 FeatureStation_GeoEX、美国斯坦福大学开发的 Protégé 软件为实验平台，利用本书提出的框架、模型与方法开展了地表覆盖分类实验。实验表明，本书实现了遥感影像分类各个元素的客观建模、影像对象的语义分类以及领域知识的共享，提出的框架与模型具有客观性、明确性、可扩展性、自适应性、复用性等特征，能够为遥感影像分类提供统一标准、科学的框架、模型与方法。

（6）开展了滑坡识别实验。在遥感影像分类地理本体框架指导下，以 eCognition、Protégé 为实验平台，开展滑坡识别实验，根据已有规则集，构建滑坡提取本体模型，利用 FaCT++ 推理机进行推理，得到各个对象的分类类别。与 CART、SVM、KNN、Bayes 方法进行对比分析。研究表明，将规则集以人与计算机容易理解的 SWRL 本体语言进行表达，实现了滑坡领域知识及其规则集的透明化，利用 FaCT++ 进行推理，能够自动检测滑坡本体的逻辑一致性，有助于滑坡领域知识的形式化、共享。

遥感影像分类一直是国际遥感领域研究的热点和难点问题，本书只是沧海一粟，还有许多重要的理论和技术问题急需解决，加上作者知识和研究水平有限，还有许多工作需要进一步开展，希望有关专家、学者不吝指教，提出宝贵意见。今后的研究重点包括以下几个方面。

（1）遥感影像分类地理本体框架与模型的完善。本书提出的“地理实体概念本体描述—遥感影像分类地理本体建模—地理本体驱动的影像对象分类”分类框架，仅仅是一个尝试和初探，需要更多的学者参与框架和模型的构建。这样，框架与模型才会有更广泛的认可性和应用性，才能为各类地理实体的精细建模与识别提供领域知识与框架基础，提高遥感影像分类的科学性。

（2）新型数据挖掘方法与专家规则的本体建模。本书利用 OWL 与 SWRL 实现了决策树、专家规则两类分类器的本体建模。今后，研究深度学习、随机森林、随机蕨等新型数据挖掘方法的本体模型,以弥补现有分类器本体模型的不足;研究针对不同地区、不同数据源的专家规则,提高专家规则的可靠性与普适性,推动方法与模型的发展。

(3)模型与方法的规模化应用。本书开展了地表覆盖分类实验与滑坡识别实验,初步证明了提出的模型、方法的有效性。需要进一步优化与扩展,将其推广应用到其他数据源、其他类型和其他应用领域,实现框架、模型与方法的扩展、应用、共享与互操作,需要更多的专家学者探索本体在遥感领域的实际应用。

(4)GEOBIA 智能化方法研究。以地理本体、地理认知为理论基础,运用人工智能技术,研究遥感影像面向对象智能分析方法与多智能系统,解决语义网络模型复杂、难以重复应用的问题,使语义网络模型能够适用于其他相似的情况,在一定程度上提高 GEOBIA 的自动化智能化,推动地理本体—地理认知—地理智能以及数据—信息—知识—智能的深度转化。